Ioana Stanciu

Rheologie des Weins

Ioana Stanciu

Rheologie des Weins

ScienciaScripts

Imprint

Any brand names and product names mentioned in this book are subject to trademark, brand or patent protection and are trademarks or registered trademarks of their respective holders. The use of brand names, product names, common names, trade names, product descriptions etc. even without a particular marking in this work is in no way to be construed to mean that such names may be regarded as unrestricted in respect of trademark and brand protection legislation and could thus be used by anyone.

Cover image: www.ingimage.com

This book is a translation from the original published under ISBN 978-620-7-46422-7.

Publisher:
Sciencia Scripts
is a trademark of
Dodo Books Indian Ocean Ltd. and OmniScriptum S.R.L publishing group

120 High Road, East Finchley, London, N2 9ED, United Kingdom
Str. Armeneasca 28/1, office 1, Chisinau MD-2012, Republic of Moldova, Europe
Printed at: see last page
ISBN: 978-620-7-24441-6

Copyright © Ioana Stanciu
Copyright © 2024 Dodo Books Indian Ocean Ltd. and OmniScriptum S.R.L publishing group

Inhaltsübersicht

Einführung 2

I. TECHNOLOGIEN ZUR HERSTELLUNG VON WEINEN UND ERZEUGNISSEN AUF DER BASIS VON MOSTEN UND WEINEN 4

II. UNTERSUCHUNG DES RHEOLOGISCHEN VERHALTENS VON WEINEN .. 40

III. BESTIMMUNG DES RHEOLOGISCHEN VERHALTENS VON WEINTRUB . 58

Referenz 69

Einführung

Wein ist ein alkoholisches Getränk, das in der Regel aus vergorenen Weintrauben hergestellt wird. Hefe verzehrt den Zucker in den Trauben und wandelt ihn in Ethanol und Kohlendioxid um, wobei Wärme freigesetzt wird. Unterschiedliche Traubensorten und Hefestämme sind die Hauptfaktoren für die verschiedenen Weinstile. Diese Unterschiede ergeben sich aus den komplexen Wechselwirkungen zwischen der biochemischen Entwicklung der Traube, den bei der Gärung ablaufenden Reaktionen, dem Umfeld, in dem die Traube wächst (Terroir), und dem Weinherstellungsverfahren. In vielen Ländern gibt es gesetzliche Bezeichnungen, um Weinstile und -qualitäten zu definieren. Diese beschränken in der Regel die geografische Herkunft und die zugelassenen Rebsorten sowie andere Aspekte der Weinherstellung. Auch aus anderen Obstsorten wie Pflaumen, Kirschen, Granatäpfeln, Heidelbeeren, Johannisbeeren und Holunder können Weine durch Gärung hergestellt werden.

Wein wird schon seit Tausenden von Jahren hergestellt. Die frühesten Belege für Wein stammen aus der Kaukasusregion im heutigen Georgien (6000 v. Chr.), Persien (5000 v. Chr.), Italien und Armenien (4000 v. Chr.). Der Wein der Neuen Welt steht in gewissem Zusammenhang mit alkoholischen Getränken, die von den Ureinwohnern Amerikas hergestellt wurden, ist aber hauptsächlich mit den späteren spanischen Traditionen in Neuspanien verbunden. Später, als der Wein aus der Alten Welt die Weinbautechniken weiterentwickelte, wurden drei der größten Weinanbaugebiete in Europa angesiedelt. Heute befinden sich die fünf Länder mit den größten Weinanbaugebieten in Italien, Spanien, Frankreich, den Vereinigten Staaten und China.

Wein spielt in der Religion seit langem eine wichtige Rolle. Rotwein wurde von den alten Ägyptern mit Blut in Verbindung gebracht und sowohl vom griechischen Dionysos-Kult als auch von den Römern bei ihren Bacchanalien verwendet; im Judentum wird er auch beim Kiddusch und im Christentum bei der Eucharistie eingesetzt. Die ägyptische, griechische, römische und israelische Weinkultur ist immer noch mit diesen alten Wurzeln verbunden. Auch die größten Weinregionen Italiens, Spaniens und Frankreichs haben ein Erbe, das mit dem sakramentalen Wein in Verbindung steht, und die Weinbautraditionen im Südwesten der Vereinigten Staaten haben ihren Ursprung in Neuspanien, wo katholische Mönche und Mönche in New Mexico und Kalifornien erstmals Wein produzierten.

I. TECHNOLOGIEN ZUR HERSTELLUNG VON WEINEN UND ERZEUGNISSEN AUF DER BASIS VON MOSTEN UND WEINEN

Trauben als Rohstoff für die Industrialisierung werden zur Herstellung einiger Produkte verwendet Lebensmittel wie Most, Saft, Wein, Destillate, usw. Die chemische Zusammensetzung der Trauben ist sehr komplex und variiert von Sorte zu Sorte in Abhängigkeit vom Reifegrad und den pedoklimatischen Bedingungen. Je nach Sorte und Reifegrad hängt auch die physikalische Zusammensetzung der Körner ab (Tabelle 1.1), woraus sich eine mehr oder weniger große Menge an Most ergibt, was sich auf den Ertrag bei der Weinbereitung auswirkt.

Tabelle 1.1. Die durchschnittliche physikalische Zusammensetzung der Beeren der wichtigsten Rebsorten für Wein

Sorte	Tabelle 100 Körner (g)	Tabelle Zellstoff (g)	Tabelle Muss (g)	Tabelle Marc (g)	Tabelle Schale (g)	Tabelle Samen (g)	Zucker (g/l)
Aliquote	179	154	127	38	17	8	204
Weißes Mädchen	184	163	128	40	14	7	202
Königlich mädchenhaft	199	177	148	42	16	6	197
	163	145	117	36	13	5	195
Italienischer Riesling	195	148	129	42	14	8	206
	140	116	101	28	16	8	213
Sauvignon	190	165	128	38	15	10	200
Grauburgunder	278	243	149	68	28	7	195
Traminer rose	225	198	164	48	18	9	209
Chasselas dore	200	180	148	38	14	6	197
Muskat Ottonel	320	296	252	92	14	10	202
Chardonnay	400	372	301	78	19	9	195
Gelb aus Odobeşti	290	264	199	58	18	8	213
Fett von Cotnari	295	267	224	51	16	12	186
Rumänischer Weihrauch	160	139	127	36	14	7	209
	145	125	103	32	14	6	206
Srab	195	172	138	41	15	8	197
Merlot	225	197	165	45	15	13	202
Cabernet Sauvignon	155	135	107	37	13	7	200
Schwarzes Mädchen	260	234	182	58	16	10	217
Schwarzes Baby							

Pinot Noir Bohotin-Basilikum								

Auch die Verarbeitungstechniken für Weintrauben sind komplex und hängen von der Rebsorte und dem zu gewinnenden Produkt ab.

I.1. Technologien der Weinbereitung

Wein ist das Getränk, das durch die teilweise oder vollständige alkoholische Gärung des Zuckers aus eingemaischten Trauben oder Traubenmost gewonnen wird. Damit der Wein einen möglichst hohen Gehalt an Spurenelementen aufweist, müssen die Trauben, aus denen er gewonnen wird, im technologischen Reifestadium geerntet werden und dürfen nicht von Kryptogamie befallen sein, wobei die Qualität auch von der Verarbeitungstechnologie abhängt.

Die wichtigsten technologischen Faktoren, die die Qualität der Weine entscheidend beeinflussen, sind: die Methoden der Mostgewinnung, die Steuerung der Gärung, die Pflege und die Lagerung des Weins.

Die in unserem Land erzeugten Weine sind gemäß den geltenden Vorschriften wie folgt klassifizieren:

A. Die Weine selbst

1. Weine für den laufenden Verbrauch

1.1. Tischwein (VM);

1.2. Hochwertiger Tafelwein (VMS);

2. Qualitätsweine

2.1. Wein von hervorragender Qualität (VS);

2.2. Hochwertiger Wein mit Ursprungsbezeichnung:

2.2.1. Wein mit kontrollierter Ursprungsbezeichnung (VDOC);

2.2.2. Wein mit kontrollierter Ursprungsbezeichnung und Qualitätsstufen (VDOCC):

- bei voller Reife gepflückt (CMD);

- späte Kommissionierung (CT);

- geerntet während der Getreideveredelung (CIB);

- gepflückt, wenn die Beeren rosiniert sind (CSB);

3. Hybride Weine.

B. Besondere Weine:

1. Weine mit CO_2 Gehalt (sprudelnd): Sekt, Schaumwein, Perlwein, Perlwein prickelnd

2. Aromatisierte Weine: Wermutwein, Wermutwein, andere aromatisierte Weine;

3. Likörweine;

4. Andere besondere Weine.

Eine wichtige Entwicklung in jüngster Zeit ist die Herstellung von Getränken mit niedrigem Alkoholgehalt, die sich durch folgende Merkmale auszeichnen: 3-5 % Vol. Alkohol, Säuregehalt 3-5 g/l H_2 SO_4, Zucker 70-110 g/l, CO_2 je nach Verbrauchervorliebe, Aromen (Zitrusfrüchte, Trauben, Früchte usw.).

Als Sortimente, die häufiger gemacht werden, können wir erwähnen:

- Traubenspirituose: Sie hat einen Alkoholgehalt von 3 % vol. und wird bei 2,5 atm abgefüllt, das Aroma ist sortentypisch;

- Traubenbier: hat 3% vol. Alkohol;

- Entalkoholisierter Wein: Er wird durch teilweise oder vollständige Entalkoholisierung von Weinen, mit oder ohne Zusatz von Aromen und Süßungsmitteln, gewonnen;

- Wein mit Kohlensäure: Er wird gesüßt oder durch Zugabe von Traubensaft gewonnen und mit Kohlensäure imprägniert.

In jüngerer Zeit werden cocktailartige Getränke durch die Mischung von Weißweinen mit Zitrussäften oder Rotweinen mit Beerensäften zubereitet, und zwar in etwa 40 Varianten, die als "Cooler" bezeichnet werden.

In Bezug auf die Verfahren und Vorgänge, mit deren Hilfe die Trauben in Wein umgewandelt werden, und die Reihenfolge ihrer Entwicklung werden zwei allgemeine Weinbereitungstechnologien unterschieden:

- die Technologie der Weißweinherstellung, bei der der Most so schnell wie möglich vom Trub getrennt und separat vergoren wird;
- die Technologie zur Herstellung von Rotweinen, bei der der Most zusammen mit der Boština mazeriert wird und nach der Trennung die Gärung abgeschlossen wird.

I.1.1. Derzeitige Technologie der Weinherstellung

Technologie der Weißweinherstellung. Die Kategorie der Weißweine umfasst Weine des täglichen Bedarfs und Qualitätsweine, für deren Herstellung im Allgemeinen das technologische Schema in Abbildung 1.1 verwendet wird. Die Unterschiede bestehen in den Maschinen, aus denen das Schema besteht, und in den organoleptischen und physikalisch-chemischen Eigenschaften der Weine. Das Prinzipschema der technologischen Linie für die Herstellung von Weißweinen ist in Abbildung 1.2 dargestellt.

Die Annahme der Trauben erfolgt quantitativ durch Wiegen und qualitativ durch Bestimmung des Zuckergehalts im Most, des titrierbaren Säuregehalts sowie des Gesundheitszustands (Grad des Grauschimmelbefalls), wobei auch eine Behandlung mit Schwefeldioxid erfolgt.

Die Behandlung mit Schwefeldioxid ist notwendig, weil sich auf der Oberfläche der Trauben auf natürliche Weise eine Mikroflora entwickelt, die aus nützlichen Hefen, mykotischen Hefen, Schimmelpilzen, Milchsäurebakterien und Essigbakterien besteht, die, sobald sie zerdrückt werden, in den Most übergehen und krankhafte Gärungen verursachen, die schließlich den Wein verändern.

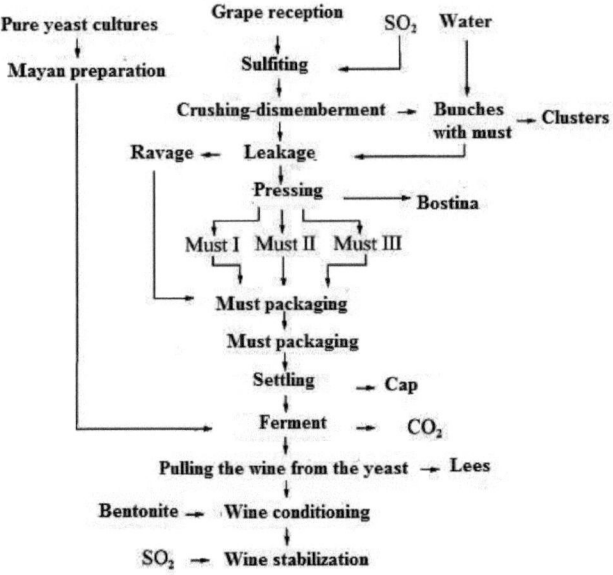

Abb. 1.1. Technologisches Schema für die Herstellung von Weißweinen

Das Zerkleinern der Trauben besteht darin, die Körner durch Zusammendrücken oder Schlagen zu zerkleinern und den Most freizugeben, ohne die Samen zu zerbrechen oder die Spindel zu zerquetschen.

Das Entstielen oder Entstielen ist der Vorgang, bei dem die Körner von den Trauben getrennt werden und der gleichzeitig mit dem Keltern durchgeführt wird. Dieser Vorgang wird immer noch diskutiert, weil das Vorhandensein der Trauben das Abpressen des Trubs und die Gärung begünstigt und durch das Tannin eine bessere Konservierung des Weins bewirkt. Gleichzeitig sorgt das Abbeeren für die Gewinnung von Weinen höherer Qualität, weniger adstringierend, ohne grasigen Geschmack, die Weine klären sich schneller und der Alkoholgehalt steigt um ca. 0,5% Vol.

Abtrennung des Mostes. Um qualitativ hochwertige Weißweine zu erhalten, ist es notwendig, so viel Most wie möglich aus der Bostina zu extrahieren. Trennung des flüssigen Teils von den festen Fraktionen

(Kerne, Schalen, Trauben usw.) wird in zwei Phasen hergestellt: In der ersten Phase wird der Most (reich an Zucker, Säuren, Stickstoff und Tannin) durch Ablassen abgetrennt, in der zweiten Phase wird der Trub abgepresst, wobei mehrere Mostfraktionen entstehen. Die Presswürze enthält in der Schwebe Schalen, Traubenteile, Trester, Fraktionen, die die Hefeablagerung erhöhen und dadurch die Gärfähigkeit verringern.

Die Traubenpressen erreichen die folgenden Qualitätsindizes:

- Pneumatische Pressen: Ausbeute 78-80 %, Würze 5-8 % und maximale Verluste von 1,5 %;

- kontinuierliche Pressen: Ausbeute 80-83%, Würze im Most 30-35% und maximale Verluste von 1,5%.

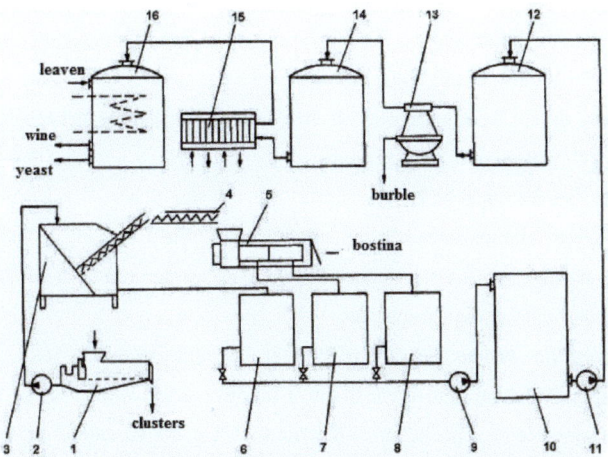

Abb. 1.2. Die technologische Linie für die Herstellung von Weißweinen: 1-Zerkleinerer-Entrappung; 2,9,11-Pumpen; 3-Abtropfer; 4-Förderer; 5-Presse; 6-Mosttank; 7-Pressmosttank I; 8-Pressmosttank II; 10-Mosttank; 12,14-Puffertanks; 13-Zentrifuge; 15-Pasteurisierer; 16-Thermostatisierungsbehälter für die Gärung.

Je nach Qualität des zu gewinnenden Weins werden verschiedene Mostfraktionen zusammengestellt.

Berichtigung der Würze. In Abhängigkeit von den klimatischen Bedingungen besteht die Möglichkeit, dass in bestimmten Jahren keine Trauben bzw. Moste mit einer harmonischen chemischen Zusammensetzung erhalten werden, weshalb der Korrekturvorgang notwendig ist:

- Die Zuckerkorrektur (Staptalisierung) besteht in der Zugabe von Zucker oder konzentriertem Most, um den für die Konsumweine erforderlichen Alkoholgehalt zu erreichen; die Erhöhung des Alkoholgehalts darf in diesem Fall 3 % nicht überschreiten;
- Korrektur mit Alkohol: Anstelle von Zucker können Sie Äthylalkohol oder destillierten Wein verwenden, der in einem Verhältnis hinzugefügt wird, das den Alkoholgehalt des Weins um nicht mehr als 2-3% vol. erhöht;
- Die Korrektur durch Verschnitt besteht darin, große Mostpartien mit unterschiedlichen Zuckerkonzentrationen zu mischen und daraus Trinkweine zu gewinnen; diese Methode ist nicht mit hohen Kosten verbunden und die gewonnenen Weine haben eine harmonische chemische Zusammensetzung;
- Korrektur des Säuregehalts: Die Verringerung des Säuregehalts erfolgt durch Ausfällen von Weinstein mit Kalziumkarbonat (nicht mehr als 2 g/l), die Erhöhung des Säuregehalts durch Verschnitt mit einem Most mit hohem Säuregehalt oder durch Zusatz von Weinsäure und Zitronensäure;
- Korrektur des Tanningehalts: Farbstoffe, die aus der Schale der Körner gewonnen werden, werden tanninarmen Mosten oder Mosten, die mit gerbstoffhaltigen Sorten gemischt werden, zugesetzt, und tanninreiche Moste werden mit Bentonit behandelt, das die überschüssigen Tannine abscheidet.

Klärung der Würze. Nach dem Pressen entsteht ein trüber Most, der reich an Schalenresten, Traubenfragmenten, Staub, Erde, Schwefel, Kupfer sowie einer für die Gesundheit des Weins schädlichen Mikroflora ist. Um sie zu entfernen, wird der Most vor der Gärung wie folgt geklärt:

- durch Absetzen in Behältern oder Becken für 18-24 Stunden, unter Zugabe von Bentonit (60-100 g/hl) und Schwefeldioxid (5-15 g/hl);
- durch Abkühlung des Mostes mit künstlicher Kälte, bei Temperaturen, bei denen sich die Suspensionen absetzen;
- durch Zentrifugieren, wenn der Most nicht mehr mit der Luft in Berührung kommt, wobei der Klärungsvorgang während der Weinbereitung erfolgt.

Bentonit, eine natürliche Tonerde, ist eine Substanz mit klärender und entproteinisierender Wirkung für Most und Wein, die eine komplexe chemische Zusammensetzung aufweist (70-72% Siliziumdioxid-SiO_2, 13-15% Aluminiumtrioxid-

Al O_{23}, 1,0-1,5% Eisentrioxid-Fe O_{23}, 2,0-2,4% Oxide-CaO und MgO, 3,0-4,0% alkalische Oxide-$Na_2 O$ und $K_2 O$).

Sein kolloidaler Charakter und die elektronegative Ladung seiner Teilchen verleihen dem Bentonit ein sehr hohes Absorptionsvermögen, insbesondere für Proteine aus Most und Wein. Aus chemischer Sicht reagiert Bentonit nicht mit Most- und Weinbestandteilen, sondern bewirkt eine leichte Verringerung des Säuregehalts

Die vom Most abgetrennte Suspension, auch Würze genannt, wird gesammelt und anschließend durch Gärung und Destillation weiterverarbeitet.

Gärung des Mostes. Der Traubenmost beginnt kurz nach seiner Gewinnung zu gären, wenn keine gärungshemmenden Behandlungen durchgeführt werden.

Die Gärung ist der Zeitraum, in dem sich der Most in Wein verwandelt, wobei sich der Zucker in Ethylalkohol, Kohlendioxid und eine ganze Reihe von Nebenprodukten verwandelt, die dem Wein bestimmte Eigenschaften verleihen. Da die Gärung eine wesentliche Rolle bei der Gewinnung gesunder Weine mit hervorragenden Qualitätsmerkmalen spielt, muss sie mit besonderer Sorgfalt durchgeführt werden.

Die optimale Temperatur für den Gärungsprozess liegt zwischen 22-27^0 C. Eine niedrigere Temperatur verringert die Gärungsgeschwindigkeit, eine höhere beschleunigt das Phänomen und begünstigt die Entwicklung von Bakterien und die Eliminierung von Aroma- und Bukettstoffen, bei
42^0 C Die Gärung stoppt plötzlich.

Die Gärung des Traubenmostes erfolgt mit ausgewählten Hefen des Typs Saccharomyces
apiculata, Saccharomyces pasteurianus, Saccharomyces ellipsoideus oder Saccharomyces oviformis, zubereitet in Form von Hefemaische (2-4 % Maische sind für die Aussaat des geklärten Mostes erforderlich).

Die Gärung des Mostes erfolgt in drei Stufen.
1. Die Phase der Hefevermehrung oder Anfangsgärung dauert 1 bis 3 Tage und ist durch die intensive Vermehrung der Hefen mit hohem Zuckerverbrauch, die Störung der Würze, einen leichten Temperaturanstieg und eine schwache Freisetzung von Kohlendioxid gekennzeichnet.
2. Die stürmische Gärung Phase, dauert 6-8 Tage und ist durch die Umwandlung einer großen Menge an Zucker in Alkohol, mit einer starken Freisetzung von Kohlendioxid,

durch einen plötzlichen Anstieg der Temperatur begleitet gekennzeichnet (in dieser Phase, Maßnahmen zu reduzieren und halten sie innerhalb optimaler Grenzen).

3. Die Phase der langsamen, abschließenden oder stillen Gärung ist die längste (von einigen Tagen bis zu einigen Monaten). In einer ersten Phase bewirken der erzeugte Alkohol und der niedrige Zuckergehalt, dass die Aktivität der Hefen deutlich abnimmt, einige von ihnen stellen ihre Tätigkeit ein und setzen sich in Sporenform ab, und infolge der verringerten Freisetzung von Kohlendioxid sinkt die Temperatur des Weins allmählich bis auf den für die Umgebung spezifischen Wert. In der nächsten Phase entstehen im Wein eine Reihe neuer Elemente, die seinen Geschmack und sein Aroma prägen, und in Ermangelung einer Kohlendioxidabgabe lagern sich Weinsalze und Suspensionen ab, wodurch der Wein klarer wird.

Das Abziehen des Weins von der Hefe oder vom Trub ist der Vorgang, bei dem der Wein von der Hefeablagerung am Boden des Gefäßes, in dem die Gärung stattgefunden hat, abgezogen wird, um eine Klärung des Weins und eine gewisse Belüftung zu bewirken, um Kohlendioxid und Kohlendioxid-Schwefel zu beseitigen und so die Reifung des Weins zu fördern.

Weinkonditionierung. Nach Abschluss der Gärung in der Weinmasse findet eine Reihe komplexer Umwandlungen (physikalisch-chemischer und biochemischer Art) statt, in deren Verlauf der Wein seine geschmacklichen Qualitäten entwickelt und die spezifische Persönlichkeit eines jeden Weins erhält. Die Umwandlungen laufen über lange Zeiträume ab und können in drei Hauptphasen unterteilt werden:

- die Bildung des Weins, ist der Zeitraum zwischen der letzten Gärung und dem ersten Abzug, in dem sich die Hefezellen, Suspensionen, Pektin- und Eiweißstoffe, ein Teil der Weinsäuresalze ablagern, das von der Gärung übrig gebliebene Kohlendioxid freigesetzt wird und durch die Autolyse der Hefen der Wein mit stickstoffhaltigen Substanzen angereichert wird;

- Die Reifung des Weins dauert zwischen 0,5 und 1,5 Jahren, und unter den chemischen und biochemischen Prozessen hat sich die Oxidation als wichtiger erwiesen (Sauerstoff bewirkt die Unlöslichkeit instabiler Substanzen, die die Reifungsprozesse begünstigen, so dass neue Weine in Abwesenheit von Luft ihre Frische und ihr Aroma behalten);

- Die Reifung des Weins ist der Zeitraum, in dem die besten Eigenschaften erzielt werden, mit der Bildung des Alterungsaromas als Ergebnis der Veresterungsreaktionen und der Anhäufung von Acetaten, höheren Alkoholen, flüchtigen Säuren usw.

Unter Ausgleichen versteht man das Mischen von Weinen aus mehreren Gefäßen, die aus der gleichen Ernte, Sorte oder Art stammen, um einheitliche Weinpartien in großen Mengen herzustellen.

Der Verschnitt besteht aus der Mischung von Weinen verschiedener Sorten mit dem Ziel, bestimmte Mängel, Defekte oder Überschüsse bei einem oder mehreren Weinen zu verbessern oder auszugleichen.

Die Konditionierung durch Ausgleich und Verschnitt gewährleistet: die Gewinnung großer Weinpartien mit konstanter Zusammensetzung, die Korrektur natürlicher konstitutiver Mängel (Alkohol, Säure, Extrakt) sowie von Geschmacks-, Geruchs- und Farbfehlern, die Umwandlung überalterter Weine durch Vermischung mit neuen Weinen.

Stabilisierung der Weine. Im Laufe seiner normalen Entwicklung kann der Wein eine Reihe anormaler Veränderungen erfahren (Weinblüte, Beizen, Trübung), die entweder auf bestimmte Krankheitserreger oder auf bestimmte Umwandlungen zurückzuführen sind, die als Defekte bezeichnet werden (Geschmack und Geruch von Schwefelwasserstoff, Eisen- oder Kupferkassie, Weinsteinablagerungen). Unter Stabilisierung versteht man die Beseitigung der Ursachen, die sowohl zu einer späteren Störung als auch zu einer Veränderung der Geschmackseigenschaften führen können.

Die physikalisch-chemische Stabilisierung von Weinen dient in erster Linie dazu, die Klarheit des Weins zu gewährleisten und kann durch verschiedene Methoden erreicht werden.

1. Thermische Behandlungen:
- Nach der Kühlung kommt es zur Ausfällung von Weinstein, einem Teil der kolloidalen Substanzen, insbesondere Proteinen, Pektinstoffen, einigen Farbstoffen und der Auflösung von Sauerstoff;
- Die Pasteurisierung ist eine energetische Stabilisierungsmethode, die die Ausfällung hitzelabiler Substanzen (insbesondere Proteine), die Zerstörung von Mikroorganismen und die selektive Reifung in Abhängigkeit von der Anwesenheit von Sauerstoff bewirkt.

2. Klärung. Sie dient der Klärung der Weine, wobei die im Wein dispergierten Stoffe elektrisch geladene kolloidale Partikel mit hoher Adsorptionsfähigkeit bilden. Der Leimungsprozess wird durch das Vorhandensein von gummiartigen und schleimigen Substanzen gehemmt, die die Aufgabe haben, Schutzkolloide zu bilden. Die optimale Klebetemperatur liegt zwischen 5-15^0 C.

Folgende Eiweißstoffe werden zur Klärung des Weins verwendet: Gelatine (5-30 g/hl), Fischöl (1-4 g/hl), Kasein (5-10 g/hl), Milch (je nach Eiweißstoff). Unter den mineralischen Stoffen werden vor allem Kaolin (100-150 g/hl) und Bentonit (25-200 g/hl) verwendet.

3. Demetallisierung. Die im Wein vorhandenen Metalle sind sowohl natürlichen Ursprungs als auch durch den technologischen Herstellungsprozess bedingt. Wenn Fe^{2+}, Cu^{2+}, Ca^{2+} und K^+ Ionen bestimmte Grenzwerte überschreiten, kommt es zu spezifischen Veränderungen in Farbe, Klarheit und Geschmack.

Die folgenden Methoden werden zur Entfernung von Metallen aus Wein eingesetzt:

- Blauleimung oder Behandlung des Weins mit Kaliumhexacyanoferrat, was zur Ausfällung von Eisen führt, das auch einige Proteine ausfällt;
- Die Behandlung von Wein mit Kalziumphytat bewirkt die Ausfällung von Eisen und Blei aus dem Wein;
- Behandlung des Weins mit kationischen Harzen, die Eisen, Kupfer, Zink, Kalzium und Aluminium zurückhalten können und den Wein säuern.

4. Stabilisierung gegen Weinsteinablagerungen. Die Kalzium- und Kaliumsalze der Weinsäure sind schwer löslich und fallen bei einer Temperatursenkung in Form von Sedimenten aus. Um die Bildung dieser Ablagerungen zu verhindern, wird der Wein meist gekühlt und anschließend gefiltert. In jüngerer Zeit wird Metaweinsäure verwendet, die in einer Konzentration von 8-10 g/hl die Ablagerung von Weinstein ein Jahr lang verhindert.

5. Filtration und Zentrifugation. Die meisten physikalisch-chemischen Stabilisierungsmethoden werden durch die Filtration vervollständigt, ein Vorgang, bei dem keine Fremdstoffe in den Wein gelangen, die Trübung und eine große Anzahl von Mikroorganismen zurückgehalten werden, der schneller als das Verkleben durchgeführt

wird und der jederzeit und bei jeder Temperatur angewendet werden kann. Für die Filtration werden Verstopfungsfilter mit Zellulose, Kiselgur und Plattenfilter verwendet.

Die Zentrifugation dient der Vorklärung der Weine und erleichtert die Filtration. Gereifte und fast klare Weine lassen sich durch Zentrifugieren nicht sehr gut klären.

Die biologische Stabilisierung von Weinen ist äußerst wichtig und löst drei große Probleme:

- Stoppen der Gärung des Weins, wenn er noch gärfähigen Zucker enthält;
- Verhinderung des enzymatischen Verderbs von Wein, insbesondere wenn er aus einer qualitativ minderwertigen Ernte stammt;
- Weinkonservierung, um Nachgärungsprozesse und ungesunde Gärungen zu verhindern.

Es sind mehrere Methoden der biologischen Stabilisierung bekannt, von denen die wichtigsten sind:

1. Behandlung von Weinen mit stabilisierenden Stoffen; zu dieser Kategorie gehören:
- Schwefeldioxid ist ein starkes Antioxidans und Antiseptikum, das in flüssiger oder gasförmiger Lösung verwendet wird, wobei die Dosierung von den Eigenschaften des Weins abhängt;
- Sorbinsäure und Sorbat haben eine fungistatische Wirkung und werden in Ermangelung einer antioxidativen Wirkung in Kombination mit Schwefeldioxid verwendet;
- Diethylester der Brenztraubensäure, erfordert eine spezielle Technologie und kann unter bestimmten Bedingungen toxische Wirkungen haben;
- andere antiseptische Stoffe: Natriumbenzoat, Vitamin K, Natriumpropionat, Monobromessigsäure können ebenfalls verwendet werden, wobei ihre Verwendung begrenzt ist.

2. Die Pasteurisierung besteht in der Erhitzung von klaren Weinen auf 60-70 0C für 2-3 Minuten unter Luftabschluss; dieser Vorgang kann sowohl vor als auch nach der Abfüllung durchgeführt werden.

3. Die Sterilfiltration wird mit Hilfe von Sterilisationsplatten durchgeführt, die in ihren Poren die kleinsten Hefen und Mikroorganismen zurückhalten. Die Sterilfiltration beeinträchtigt die Qualität des Weins in keiner Weise, da sie nichts in den Wein einbringt und seine Temperatur nicht verändert.

A. Erzeugung von Weißwein für den laufenden Verbrauch

Die Weißweine für den heutigen Verbrauch haben im Allgemeinen einen Alkoholgehalt von 8-10,5 % vol, einen Gesamtsäuregehalt von 3,2-5,0 g/l $H_2 SO_4$ und einen Trockenextrakt von mindestens 14 g/l. Sie werden aus allen Rebsorten und Rebsorten mit hoher Produktion nach dem allgemeinen technologischen Schema gewonnen, wobei die folgenden Punkte zu beachten sind:

- Die Trauben werden bei technologischer Reife geerntet;
- Der Transport der Ernte erfolgt mit speziell entwickelten Kippern;
- die quantitative Annahme erfolgt durch Wiegen und die qualitative Annahme durch summarische Analysen, wobei die Bestimmung des Zuckeranteils in den Körnern obligatorisch ist;
- Das Rupfen ist ein fakultativer Vorgang;
- Die Trauben werden mit 40-50 mg/l SO_2 geschwefelt, wenn die Trauben gesund sind, und mit 60-120 mg/l SO_2, wenn sie von Schimmel befallen sind;
- Das Pressen des Ballens kann mechanisch oder hydraulisch erfolgen;
- Die Zusammenstellung des Mostes besteht darin, alle Fraktionen mit dem Most zu vermischen;
- Die Klärung des Mostes erfolgt durch 6-12-stündiges Absetzen, wobei ein Gehalt von 25-30 mg/l freies SO_2 erreicht wird;
- die Korrektur der Zusammensetzung wird nur in Jahren mit ungünstigen Bedingungen vorgenommen, wobei bis zu 1,5 g/l Weinsäure und maximal 30 g/l Zucker verabreicht werden;
- Die Gärung des Mostes erfolgt in Zisternen oder Fässern, und das Auffüllen der Gefäße erfolgt unmittelbar nach dem Ende der stürmischen Gärung und dann regelmäßig alle 4-5 Tage, bis der Wein von der Hefe abgezogen und weiterverarbeitet ist;
- Das Abziehen des Weins von der Hefe erfolgt unmittelbar nach dem Ende der alkoholischen Gärung, wenn er aus verarmten Ernten stammt, und nach 3-4 Wochen, wenn er aus gesunden Trauben stammt;
- die Lagerung erfolgt für maximal ein Jahr bei $10\text{-}14^0$ C, mit den notwendigen Zusätzen und Schwefelung, im Allgemeinen werden sie als Jungweine konsumiert (beginnend direkt nach dem Entfernen von der Hefe);

- Die Konditionierung der Weine vor der Auslieferung ist obligatorisch; sie werden als nicht abgefüllte (im Fass) oder in Flaschen abgefüllte Weine vermarktet.

B. Erzeugung von trockenen Weißweinen von höchster Qualität

Qualitätsweine haben einen Alkoholgehalt von mindestens 10,5 % vol, einen Gesamtsäuregehalt von 3,5-4,0 g/l H_2SO_4 und einen Extrakt von mindestens 17 g/l Trockenextrakt. Sie werden aus empfohlenen und zugelassenen Rebsorten und Sorten gewonnen, auf deren Etikett das Herkunftsgebiet bzw. die Rebsorte oder das Rebsortensortiment, aus dem sie gewonnen wurden, angegeben sein muss. Die bei der Herstellung dieser Weine angewandten technologischen Verfahren sind im Allgemeinen die gleichen wie bei den vorangegangenen, mit folgenden Abweichungen Erwähnungen:

- Das Rupfen ist ein obligatorischer Vorgang;
- kann eine kurze Mazeration durchgeführt werden, um den Extraktgehalt der Weine zu erhöhen;
- Der Zusammenschluss findet zwischen dem Most und der ersten Fraktion nach dem Pressen statt; die anderen Fraktionen werden getrennt zusammengesetzt und sind für die Gewinnung minderwertiger Weine bestimmt;
- Behandlung des Mostes mit Bentonit während oder unmittelbar nach der Klärung, um die Gärung auf Bentonit zu gewährleisten;
- Die Gärung erfolgt bei einer Temperatur von nicht mehr als 20^0 C;
- Die Weine reifen in Fässern mit einem Fassungsvermögen von maximal 3000 Litern 6-12 Monate lang, je nach Fassungsvermögen des Behälters, Sorte und Art des Weins;
- Die Konditionierung von Jungweinen erfolgt vor der Lieferung, die von Weinen, die zur Reifung bestimmt sind, unmittelbar nach dem Aufguss und der Egalisierung;
- Die Weinstabilisierung umfasst folgende Vorgänge: Blaufärbung (obligatorisch, wenn der Eisengehalt 6 mg/l überschreitet), Weinsteinstabilisierung (durch Kühlung), Pasteurisierung (bei 70-75^0 C) und Sterilfiltration;
- Es wird empfohlen, dass die Abfüllung unter sterilen Bedingungen erfolgt.

C. Herstellung hochwertiger halbsüßer, halbsüßer und süßer Weißweine

Bei trockenen Weinen werden bei der Herstellung von Weinen mit Restzucker die im allgemeinen Schema vorgesehenen Verfahren angewandt, wobei folgende Anmerkungen zu machen sind:

- Die Gärung wird gestoppt, so dass ein Teil des Zuckers unvergoren bleibt und der erhaltene Wein eine dem Typ entsprechende Süße aufweist (demisec, demidulce, sweet); sie muss durchgeführt werden, wenn der Alkoholgehalt um 0,5-1,0% niedriger ist als der vorgesehene, wobei die einfachste Methode die Sulfatierung mit 20-30 g/hl SO_2 gleichzeitig mit der Bentonisierung (1 g/l) ist;
- Die Konditionierung erfolgt unmittelbar nach dem Abstellen der Gärung. Um die biologische Stabilität zu gewährleisten, darf der Gehalt an freiem SO_2 nicht unter 25-30 mg/l fallen;
- Der Wein wird zwischen 8 und 18 Monaten in Fässern und optional bis zu 18 Monaten in Flaschen ausgebaut.

Diese Weine werden ohne Zusatz von Zucker, Alkohol oder konzentriertem Most aus Qualitätssorten mit gesunden und gut gereiften Trauben gewonnen.

D. Erzeugung von aromatischen Weißweinen höchster Qualität

Die technologischen Abläufe sind ähnlich wie bei der Herstellung von Weißweinen gleicher Qualität, mit dem Unterschied, dass sich der Most nicht mehr so schnell vom Trub trennt. So bleibt er einige Zeit in Kontakt mit der Boștina, um die Aromastoffe aus der Schale zu extrahieren. Je nach Sorte, Reifegrad und Gesundheitszustand der Trauben dauert die Mazeration 12-18 Stunden bei einer Temperatur von 25-28^0 C, in manchen Fällen bis zu 4 Tagen.

Technologie der Rotweinherstellung. Bei Rotweinen spielt neben der Klarheit, dem Geruch und dem Geschmack auch die Farbe und bei aromatischen Weinen das Aroma eine wichtige Rolle bei der Qualitätsbewertung. Um diese Eigenschaften zu erreichen, gibt es neben den anderen technologischen Vorgängen, die bei der Herstellung aller Weine üblich sind, einen spezifischen Vorgang, die Mazeration (Abb. 1.3), der die Reihenfolge der Maschinen im Produktionsablauf erheblich verändert (Abb. 1.4).

Die Mazeration ist ein technologischer Vorgang, bei dem die Boștina eine bestimmte Zeit lang mit dem Most in Kontakt bleibt, um bestimmte Bestandteile aus den festen Teilen der Trauben zu extrahieren. Unter diesen sind die Farbstoffe und die phenolischen Verbindungen, insbesondere die Farbstoffe, für die Weinherstellung von besonderem Interesse.

Die Extraktion der Farbstoffe erfolgt schnell durch eine Mazeration von 24-36 Stunden, aber die Extraktion der phenolischen Verbindungen ist komplexer und langwieriger. In der ersten Phase lösen sich die Farbstoffe im Most, und in der zweiten Phase diffundieren die Farbstoffe aufgrund interner Bewegungen, die durch Temperaturunterschiede und die Freisetzung von Kohlendioxid verursacht werden, in die gesamte Mostmasse.

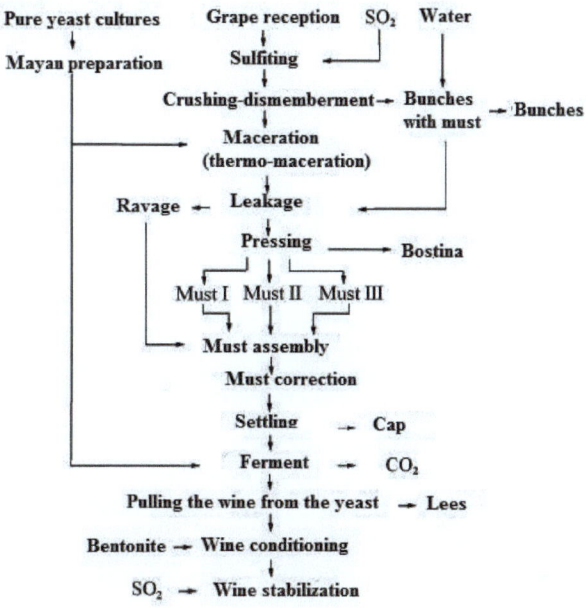

Abb. 1.3. Das technologische Schema für die Herstellung von Rotweinen

Infolge der Auflösungs- und Diffusionsprozesse der Anthocyane nimmt die Färbeintensität der Flüssigkeit allmählich zu, bis sie den Höchstwert erreicht. Danach nimmt die Intensität aufgrund der Adsorption der färbenden Substanzen durch die festen Bestandteile (Knollen, Kerne, Hefen) sowie der irreversiblen Umwandlung einiger Anthocyane in farblose Formen oder ihrer teilweisen Zerstörung ab. Es gibt eine große Vielfalt an Verfahren zur Mazeration der Boștina, die in Bezug auf die Fermentation wie folgt klassifiziert werden:

a) Technologische Verfahren, bei denen die Mazeration gleichzeitig mit der Gärung stattfindet, werden in einem einzigen Arbeitsgang zusammengefasst, der als Mazerationsgärung oder Gärung auf einem Stamm bezeichnet wird;

b) Technologische Verfahren, bei denen die Mazeration der Gärung vorausgeht: Es gibt zwei verschiedene Verfahren, von denen die Kohlensäuremazeration und die Heißmazeration verwendet werden.

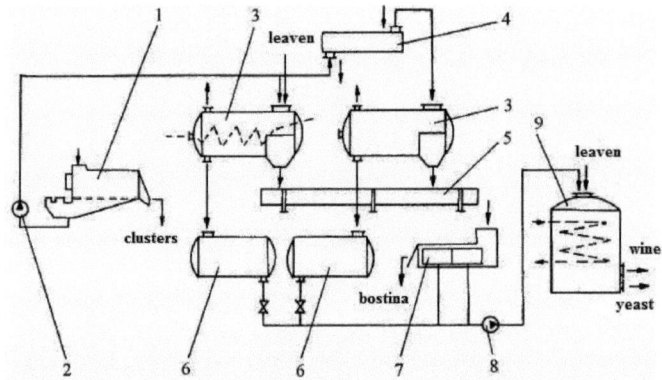

Abb. 1.4. Die technologische Linie für die Herstellung von Rotweinen: 1 - Zerkleinern - Entstielen; 2,8 - Pumpen; 3 - Rotationstanks für die Mazeration - Gärung; 4 - Wärmetauscher; 5 - Abtropfband; 6 - Tanks für Ravac-Wein; 7 - Presse; 9 - Thermostatische Tanks für die Gärung.

Das Abziehen des Weins vom Korken besteht darin, den flüssigen Teil des Weins vom Korken zu trennen und ihn in ein Gefäß zu leiten, in dem die Gärung abgeschlossen wird. Je nach dem Zeitpunkt, an dem es durchgeführt werden muss, gibt es drei Fälle:

- Ziehen vor dem Ende der Gärung: der Wein ist süß und es wird empfohlen, ihn für Weine für den laufenden Verbrauch zu verwenden;

- Ziehen sofort nach Ende der Gärung oder heißes Ziehen: der Wein hat noch ein wenig Zucker und wird für weniger harte Qualitätsweine empfohlen, die schnell verkauft werden;

- Abstechen nach einigen Tagen nach Abschluss der Gärung oder kaltes Abstechen: Dies wird für Weine empfohlen, die zur Reifung und Lagerung aufbewahrt werden sollen.

A. Erzeugung von Rotwein für den laufenden Verbrauch

Rotweine für den laufenden Verbrauch werden nach der allgemeinen Technologie hergestellt, wobei folgende Anmerkungen gemacht werden:

- die Sulfatierung des Mostes ist geringer und liegt zwischen 30-80 mg/l;

- Hefe Hefe wird in einem Anteil von 3-5% verabreicht, was die Einleitung der Gärung begünstigt;

- Die Maischegärung muss in Bezug auf Intensität und Dauer kontrolliert werden, um die der Weinsorte entsprechende Farbe zu erhalten;

- Die vollständige oder teilweise thermische Mazeration der Trauben kann die Mazerationsgärung ersetzen, wenn die Trauben schlecht pigmentiert oder qualitativ beeinträchtigt sind; im ersten Fall erfolgt die Thermomazeration bei 60-65^0 C für 30 Minuten, im zweiten Fall bei 70-80^0 C für 15-30 Minuten;

- Der Abschluss der alkoholischen Gärung erfolgt in Gefäßen, in denen sie kontrolliert und gelenkt wird, und wenn die Farbextraktion durch Thermomazeration erfolgt ist, werden 3-5% Mayo hinzugefügt;

- Stimulierung der malolaktischen Gärung unmittelbar nach Beendigung der alkoholischen Gärung, indem der Wein bei einer Temperatur von etwa 20^0 C gehalten wird, die Schwefelung vermieden wird und Wein in voller malolaktischer Gärung hinzugefügt wird;

- Die Konditionierung und Stabilisierung der Weine erfolgt auf die gleiche Weise wie bei den Weißweinen, mit dem Unterschied, dass anstelle der Bentonisierung auch Gelatineleim verwendet werden kann und die Schwefelung schwächer ist.

B. Erzeugung von Rotweinen hoher Qualität

Im Allgemeinen ähnelt diese Technologie der vorhergehenden mit den folgenden Unterschieden: die thermische Mazeration wird weniger akzeptiert, der Zusammenschluss erfolgt zwischen dem Most und der ersten Fraktion nach dem Pressen, der Abschluss der alkoholischen Gärung wird so durchgeführt, dass die Temperatur 25^0 C nicht übersteigt, die malolaktische Gärung ist obligatorisch, die Reifung dauert 6-12 Monate, um einen Qualitätsgewinn zu erzielen, die Verklebung erfolgt mit Eiweiß oder Gelatine, um eine bessere Klarheit zu gewährleisten, und die Reifung erfolgt in Flaschen für mindestens 6 Monate.

I.1.2. Technologie der Gewinnung von Spezialweinen

Spezialweine sind Erzeugnisse, die auf der Grundlage von Wein gewonnen werden, dem Zucker, konzentrierter Most, Most oder Lebensmittelalkohol und

Aromastoffe zugesetzt werden und die nach einer bestimmten Technologie hergestellt werden.

Technologien zur Herstellung von Schaumwein. Schaumwein ist das Getränk, das aus Wein durch eine zweite Gärung in hermetisch verschlossenen Behältern gewonnen wird und das bei einer Temperatur von 20^0 C in den Behältern einen Druck von mindestens 3,5 Atmosphären entwickelt, wobei das darin enthaltene Kohlendioxid körpereigen ist.

Die wichtigsten Merkmale des Schaumweins sind das Perlen (es besteht in der Freisetzung von kleinen Kohlendioxidbläschen nach dem Entkorken und dem Befüllen der Gläser) und das Schäumen (es entsteht eine Schaumschicht auf der Oberfläche des Weins, die sich ständig erneuert).

Nach dem Zuckergehalt werden Schaumweine in folgende Kategorien eingeteilt: roh (unter 4 g/l), trocken (zwischen 4-15 g/l), halbtrocken (zwischen 15-40 g/l), halbsüß (zwischen 40-80 g/l) und süß (über 80 g/l).

A. Herstellung von Schaumweinen nach der "Champanoise"-Methode

Champagner ist der Schaumwein, der durch die zweite Gärung in Flaschen nur in der Champagne gewonnen wird, wobei der Herstellungszyklus mindestens 12 Monate beträgt. Schaumweine, die nach demselben Verfahren, aber außerhalb dieses Gebiets hergestellt werden, werden als Schaumweine nach der "Champanoise"-Methode bezeichnet und haben einen Herstellungszyklus von mindestens 9 Monaten; das technologische Herstellungsschema ist in Abbildung 1.5 dargestellt.

Annahme von Grundweinen. Die Grundweine müssen eine Reihe von Qualitätsbedingungen erfüllen: mindestens 9,7 % vol. Alkohol bei 15^0 C, titrierbare Säure von mindestens 4,5 g/l in H_2SO_4, reduzierter Extrakt maximal 16 g/l, maximal 150 mg/l SO_2 insgesamt, maximal 4g/l reduzierender Zucker, maximal 15 mg/l Fe, klar sein, ohne Fremdkörper in der Schwebe, frei von Geruch, Adstringenz, Bitterkeit. Auch unter diesen Bedingungen werden die Weine einem Filtervorgang unterzogen.

Verschnitt. Nach dem Empfang und einer eventuellen Filtration werden die Weine verschnitten, um große Partien zu erhalten, wobei der Alkoholgehalt des Verschnitts zwischen 10,5 und 11,5 % vol liegen muss. Außerhalb dieser Grenzen verläuft die zweite Gärung entweder schwierig oder wird gestoppt, oder der Wein wird durch die Zugabe des Expeditionslikörs gestört.

Die Konditionierung der Weine besteht in der Behandlung mit Kaliumferrocyanid, wenn der Grundwein mehr als 6 mg/l Eisen enthält, und in der sterilisierenden Filtration, sowie in der Stabilisierung gegen weinsteinhaltige Verbindungen durch die Verwendung von Metaweinsäure, die zusammen mit der Expeditionsflotte zugesetzt wird. Es wird nicht empfohlen, die Verschnitte mit Kälte zu behandeln, da sie die Schaumbildung und die Perlung des fertigen Weins verringern.

Herstellung der Fassmischung und des Fasses. Die Fassmischung besteht aus dem Grundwein, dem Fasslikör, der ausgewählten Hefemaische und den Klärungsmitteln.

Der Likör ist eine Lösung von Zucker (in der Regel aus Zuckerrohr) in einer Konzentration von 500 g/l mit Weinverschnitt und Zitronensäure, wobei letztere dazu dient, den Zucker zu invertieren.

Die Hefekultur wird im Labor vermehrt und hat vor der Einführung in den Verkehr folgende Eigenschaften: Alkohol 10,5-11,5 % vol, Gesamtsäuregehalt 3,5 g/l in H_2SO_4, Zucker 30-50 g/l, Reinheit 100 %, Temperatur 15-18^0 C. Sie werden als Klärstoffe in die Mischung aus Gelatine (2 g/hl) und Tannin (4 g/hl) eingeführt.

Das Fassgemisch wird in Flaschen abgefüllt. Sie werden bis zu 3-5 cm unter den Rand des Flaschenhalses gefüllt, dem für die Ansammlung von Kohlendioxid notwendigen Spalt, der das Knacken beim Degorgieren erzeugt. Die Flaschen werden mit Korken verschlossen, die mit Metallklammern am Flaschenhals befestigt werden.

Gärung in Flaschen. Die Flaschen werden auf Stapeln in speziellen Räumen mit Temperaturen von 11-14^0 C gelagert, eine Bedingung, bei der die Bakterien nicht mit den Hefen konkurrieren, die Ablagerung von überschüssigen Weinsalzen schneller erfolgt und die Gärung langsam und mit allmählichem Druckanstieg verläuft. Dadurch erhöht sich die Aufnahmefähigkeit des Weins gegenüber CO_2, was letztlich zu einer besseren Perlung und Schaumbildung führt.

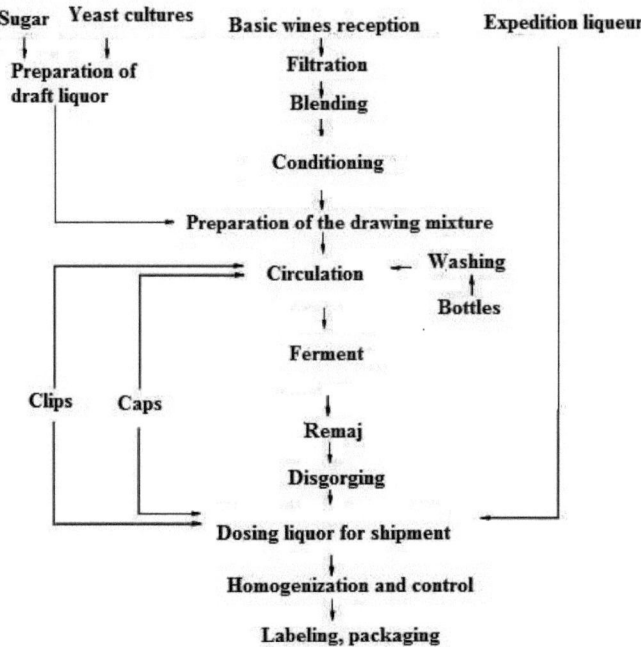

Abb. 1.5. Technologisches Schema für die Herstellung von Schaumweinen nach der "Champanoise"-Methode

Die Geschwindigkeit und Dauer der Gärung in der Flasche hängt von der verwendeten Heferasse, der Raumtemperatur, dem Alkoholgehalt des Grundweins, der Dichte und der Lebensfähigkeit der Hefen (ausgewählte Hefekulturen) ab. Während der Gärung wird CO_2 freigesetzt, das größtenteils vom Wein aufgenommen wird. Der Verlauf der Gärung muss ständig kontrolliert werden, da Anomalien auftreten können wie: unvollständige oder fehlende Gärung, anormale Ablagerungen und fehlender Glanz des Weins.

Etwa 6 Monate nach dem Abfüllen werden die Flaschen erneut geöffnet und bei dieser Gelegenheit geschüttelt, was eine Veränderung der Struktur der Ablagerungen, eine vollständige Gärung des Zuckers und eine erhöhte Stabilisierung der Weine durch die Stimulierung der Aktivität der Hefen bewirkt.

Die Entkorkung ist ein mechanischer Vorgang und umfasst eine Reihe von Manipulationen, um den Bodensatz vollständig auf den Korken zu bringen, ohne die

Klarheit zu beeinträchtigen. Der Vorgang gilt als abgeschlossen, wenn der Bodensatz auf den Korken gebracht und gepresst wurde und der Wein in der Flasche vollkommen klar ist, ohne Anhaftungen an den Glaswänden.

Das Degorgieren ist der Vorgang des Wegwerfens der Hefeablagerungen, die sich auf dem Korken angesammelt haben. Durch das Öffnen des Verschlusses wird der Korken durch den Druck des Kohlendioxids aus dem Inneren herausgeschleudert, ein Vorgang, der nur von qualifizierten Personen und in speziell dafür vorgesehenen Räumen durchgeführt wird.

Nach dem Degorgieren wird der Expeditionslikör hinzugefügt. Dabei handelt es sich um eine in mindestens drei Jahre altem Wein guter Qualität gelöste Zuckerlösung, die dem Schaumwein zugesetzt wird, um ihm je nach gewünschter Weinsorte verschiedene Süßegrade zu verleihen. Da durch das Auflösen des Zuckers im Wein dessen Alkohol- und Säuregehalt abnimmt, wird der Versandlikör alkoholisiert (raffinierter Alkohol mit Verbesserungsmitteln oder mazeriert) und gesäuert (Zitronensäure), im Winter wird Metaweinsäure zugesetzt (75 mg/ 750 ml Schaumwein) und im Sommer Kaliumsorbat (120 mg/ 750 ml Schaumwein). Um die Entwicklung von pathogenen Mikroorganismen zu vermeiden, wird die Versandflotte mit 350 g SO_2 pro 1000 l Flotte geschwefelt.

Die Dosierung der Expeditionsflotte und die Abfüllung in die Flaschen erfolgt mit Hilfe halbautomatischer Maschinen, gefolgt vom Verschließen und Verklammern.

Die Homogenisierung des Expeditionslikörs im Wein erfolgt durch kräftiges Schütteln der Flaschen, danach werden sie mindestens 15 Tage bei einer Temperatur von 10-15^0 gelagert. Nach der Lagerung werden die Flaschen mit einer Kontrolllampe untersucht, die ungeeigneten werden entfernt, die übrigen werden etikettiert und verpackt.

B. Herstellung von Schaumweinen nach dem Verfahren der Tankgärung

Durch die Verwendung von Metalltanks mit hohem Fassungsvermögen aus Edelstahl wird das Verfahren zur Herstellung von Schaumweinen vereinfacht und ist im Vergleich zur Flaschengärung viel schneller und wirtschaftlicher und ermöglicht einen hohen Grad an Mechanisierung und Automatisierung. Nach der Konditionierung werden die Grundweine in Behälter gefüllt, in denen der Likör vom Fass, der

Expeditionslikör und die Hefekulturen hinzugefügt werden, und so für die zweite Gärung vorbereitet. Der Herstellungsprozess kann auf zwei Arten fortgesetzt werden.

I. Nach der Befruchtung mit Hefe setzt die Gärung schnell ein und der Druck steigt an, wobei der Prozess 10-15 Tage dauert. Wenn der Druck 5 Atmosphären erreicht, wird die Gärung durch Kühlung auf -5^0 C gestoppt, wobei der Wein mehrere Tage lang bei dieser Temperatur in Tanks aufbewahrt wird.

Nach der Filterung unter Gegendruck (um CO_2 Verluste zu vermeiden) gelangt es in den Puffertank der Abfüllanlage.

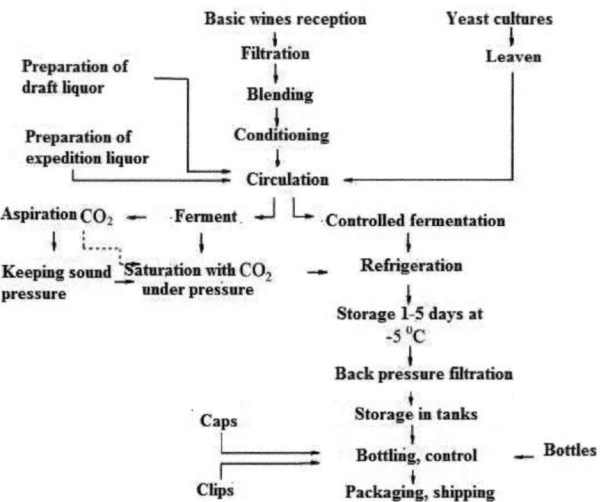

Abb. 1.6. Technologisches Schema für die Herstellung von Schaumweinen nach der Methode der Gärung in Tanks

II. Die zweite Gärung findet in Tanks bei niedrigem Druck statt, wobei das gebildete Kohlendioxid angesaugt und in einem Behälter bei hohem Druck gehalten wird; auf diese Weise verläuft die Gärung schneller. Nach Abschluss der Gärung ist der Wein mit seinem eigenen Kohlendioxid gesättigt, und zwar bei einem Druck von 4 Atmosphären. Aufgrund der Dauer und der Art der ablaufenden biochemischen Prozesse sind die durch Gärung im Tank gewonnenen Schaumweine qualitativ nicht mit den durch Flaschengärung gewonnenen Weinen vergleichbar.

C. Herstellung von Schaumweinen nach dem Misch- oder Transvasierverfahren

Bei dieser Methode wird der Wein in großen Flaschen (zwischen 1,5 und 2,3 l) nach dem Prinzip der doppelten Gärung bei einer Temperatur von 10-12 °C abgefüllt. Nach der Gärung werden die Flaschen auf -1^0 C abgekühlt, mit einer speziellen Maschine in einen gekühlten Metallbehälter umgefüllt und zunächst mit einem Inertgas befüllt. Um die Flaschen vollständig zu entleeren, muss der Druck im Behälter niedriger sein als in der Flasche.

Der Expeditionslikör kann in den leeren Behälter oder nach dessen Befüllung zugegeben werden. Der Inhalt des Behälters wird auf -5^0 C abgekühlt und 3-4 Tage bei derselben Temperatur ruhen gelassen, wonach das Filtrat unter Druck wieder in die Flaschen gefüllt wird.

Die Methode hat folgende Vorteile: Gärung in großen Flaschen mit Platzersparnis, Wegfall der Befeuchtungs- und Degorgiervorgänge, Verabreichung der Expeditionsflotte an den Behälter und nicht einzeln (an die Flaschen), minimale Wein- und Druckverluste, Erzielung eines klareren Schaumweins als Ergebnis der Filtration, geringere Herstellungskosten.

D. Herstellung von natürlichem Schaumwein nach der Methode "Asti Spumante".

Die Produktionstechnologie nutzt die Stabilisierung von Weinen durch Stickstoffmangel und wurde zum ersten Mal in der italienischen Region Asti für die Herstellung von Schaumweinen aus der weißen Sorte Muskat verwendet.

Als Rohmaterial werden Rabenmost und der Most aus der ersten Presse verwendet. Nach dem Schwefeln und Entgraten wird der Most zentrifugiert und auf 0^0 C abgekühlt, dann in isothermische Behälter umgefüllt, wo er mit Tannin und Gelatine geklärt wird.

Nachdem der Most einige Tage bei niedriger Temperatur geruht hat, wird er von Ablagerungen getrennt, gefiltert und zentrifugiert. Danach wird er bei Raumtemperatur aufbewahrt, weshalb der Most in die Gärung übergeht. Der Prozess wird durch Filtrieren oder Zentrifugieren unterbrochen, gefolgt von Tanninbehandlungen, Klärungen und Filtrationen, bis ein Wein mit 6-7 Volumenprozent Alkohol und einer Zuckerkonzentration von 80-100 g/l erhalten wird (die Anzahl der Klärungen und Filtrationen hängt von der Qualität der Trauben und des erhaltenen Mostes ab).

Die Nachgärung erfolgt in geschlossenen Behältern bei einer Temperatur von 14-15^0 C, nach etwa zwei Wochen wird in den Behältern ein Druck von 5 atm erreicht. Der

Inhalt wird auf 0^0 C abgekühlt, gefiltert und bei -4^0 C gekühlt, eine Temperatur, bei der er 10-15 Tage lang aufbewahrt wird. Nach einer letzten Filtration wird der Schaumwein in Flaschen abgefüllt.

Durch wiederholtes Entgraten, Verkleben und Filtern wird der größte Teil der Hefen und mit ihnen die assimilierbaren stickstoffhaltigen Substanzen entfernt. Die Verarmung an Stickstoff verleiht dem Schaumwein eine hohe biologische Stabilität, gleichzeitig bleibt das charakteristische Aroma der Sorte erhalten.

Technologie der Schaumweinherstellung. Schaumweine sind Getränke, die auf der Grundlage von mit CO_2 imprägniertem Wein und dem Zusatz von Expeditionslikör hergestellt werden. Im Gegensatz zu Schaumweinen sind Schaumweine weniger harmonisch, das Perlen und Schäumen ist kurz.

Dauer, wobei der Druck, der sich im Glas bei 20 0C entwickelt, mindestens 2,5 Atmosphären beträgt. Die Herstellung von Schaumwein erfolgt nach dem Schema in Abbildung 1.7.

Das Ausgangsmaterial ist der Wein, der die gleichen Qualitätsbedingungen wie bei der Herstellung von Schaumwein erfüllen muss: Er muss gesund, trocken, ohne Fehler, klar und mit einem besonderen Aroma sein. Der Wein wird Bearbeitungen und Behandlungen unterzogen, die darauf abzielen, den Geschmack zu verbessern, den Alkoholgehalt und den Säuregehalt zu korrigieren und die physikalisch-chemische und biologische Stabilität zu gewährleisten.

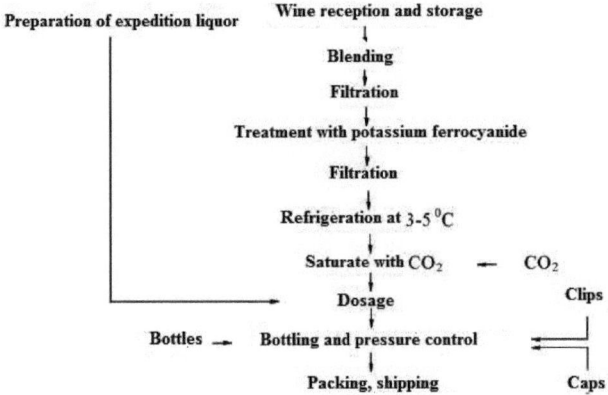

Abb. 1.7. Technologisches Schema für die Herstellung von Schaumweinen

Der Expeditionslikör hat ähnliche organoleptische Eigenschaften wie Schaumwein,

die zugesetzte Menge liegt je nach Art des gewünschten Weins zwischen 20,4-41,8 ml/750 ml.

Vor der Imprägnierung mit CO_2 wird der Wein auf 3-5^0 C abgekühlt und dann in die Sättigungsanlage eingeleitet. Der normale Druck für das Abfüllen von Wein in Flaschen beträgt 2,5 Atmosphären. Nach dem Abfüllen werden die Flaschen in trockenen, sonnengeschützten und gut belüfteten Räumen bei einer Temperatur von 5-15^0 C gelagert, und zwar über einen Zeitraum von mindestens 30 Tagen zur Verzwillingung.

Technologie zur Herstellung aromatisierter Weine. Aromatisierte Weine sind Weinbauerzeugnisse, die aus Wein mit Zusatz von Zucker oder Most, Weindestillat oder Lebensmittelalkohol und aus Pflanzen gewonnenen Aromastoffen gewonnen werden. Wermutwein, Wermut und Bitter gehören zu dieser Kategorie von Weinen.

Zubereitung von Wermutwein. Es handelt sich um einen trockenen oder süßen Wein mit einem bitteren Geschmack und Geruch nach Wermut. Er wird aus den üblichen Konsumweinen hergestellt, denen ein Mazerat aus einer Vielzahl von Pflanzen (getrocknete Wermutblüten, Wermutblüten, Enzianwurzel, Koriander, Nelken usw.) zugesetzt wird; das technologische Schema ist in Abbildung 1.8 dargestellt.

Die zerkleinerten Pflanzen werden mehrere Tage lang in einer alkoholischen Lösung von 45 Vol.-% mazeriert. Danach wird die mazerierte Flüssigkeit abgetrennt und der Abfall zur Destillation geschickt, um den Alkohol zu gewinnen.

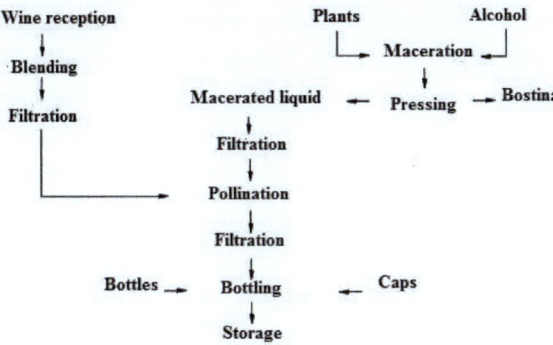

Abb. 1.8. Das technologische Schema für die Herstellung von Wermutwein

Der stabilisierte Wein wird in eine Schüssel gegeben, über die das Pflanzenmazerat in einer vom Herstellungsrezept abhängigen Menge zugegeben wird. Um den Wein zu homogenisieren und mit dem Mazerat zu verbinden, wird er 4-5 Stunden lang gemischt und dann einige Tage lang ruhen gelassen, dann wird er gefiltert und in die Weinbereitungsanlage geleitet. Wermutwein wird sofort konsumiert, da er durch eine eventuelle Reifung seinen Geschmack und seine Stabilität einbüßt.

Zubereitung von Wermut und Magenbitter. Wermut ist ein alkoholisches Getränk, das aus Weiß- oder Rotwein unter Zugabe von Alkohol, Zucker, Pflanzenmazeration und anderen Zutaten gewonnen wird. Die wichtigsten Merkmale sind: Alkoholgehalt 16-18 Vol.-%, Zuckergehalt 40-180 g/l, charakteristisches Wermutaroma.

Bitter ist ein alkoholisches Aperitifgetränk, das aus Weiß- oder Rotwein mit Zusatz von Zucker, Alkohol, mazerierten Pflanzen und Früchten gewonnen wird. Bei der Herstellung dieses Getränks ist die Verwendung von Konservierungsstoffen, synthetischen Substanzen oder Mineralsäuren nicht erlaubt. Er unterscheidet sich vom Wermut durch einen höheren Alkoholgehalt (23-25^0), einen geringeren Säuregehalt und einen bittereren Geschmack.

Die wichtigsten Vorgänge im technologischen Ablauf der Herstellung der beiden Getränkearten sind in Abbildung 1.9 dargestellt.

Die als Rohmaterial verwendeten Weine müssen aus gesunden Trauben stammen, gut konditioniert und stabilisiert sein, einen mäßigen Alkoholgehalt (10-11 Vol.-%) und einen geringen Gesamtsäuregehalt (3-3,5 g/l in H_2SO_4) aufweisen, wobei die Rotweine eine malolaktische Gärung durchlaufen haben müssen.

Pflanzenmazerate verleihen dem Produkt seinen spezifischen Geschmack, sein Aroma und seinen Geruch, wobei die Qualität der Getränke weitgehend von der Anzahl und dem Anteil der in der Herstellungsrezeptur enthaltenen Pflanzen abhängt.

Zitronensäure wird verwendet, um den Säuregehalt zu korrigieren und den Eisenabbau zu verhindern (mit dem Eisen aus dem Wein entstehen leicht lösliche Eisencitrate).

Die konditionierten und stabilisierten Weine werden in Gefäße mit einem Rührwerk gefüllt, wo die Komponenten in der folgenden Reihenfolge hinzugefügt werden: Zucker, Alkohol, im Wein gelöste Zitronensäure und schließlich die

Pflanzenmazeration. Der Inhalt des Gefäßes wird 4-5 Stunden lang homogenisiert, danach lässt man ihn klar werden. Das gewonnene Getränk wird gefiltert und in Tanks abgefüllt, wo es 20-40 Tage zur Verzwillingung und Homogenisierung verbleibt. Nach diesem Zeitraum wird das Produkt gefiltert und in Flaschen abgefüllt.

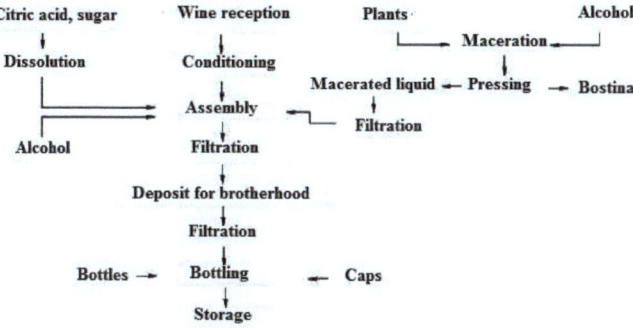

Abb. 1.9. Das technologische Schema für die Zubereitung von Wermut und Bitter

I.2. Technologien zur Gewinnung von Erzeugnissen auf der Grundlage von Most und Wein

Die Gruppe dieser Erzeugnisse umfasst Traubensaft, Traubenmost, Tresterdestillate und gereiften Wein.

Technologie zur Herstellung von Traubensaft. Traubensaft ist ein Erzeugnis, das aus Most gewonnen wird, der einer Stabilisierungs- und Konservierungsbehandlung unterzogen wurde. Je nach Art dieser Behandlungen unterscheidet man zwischen Säften, die aus physikalisch konserviertem Most gewonnen werden, und Säften, die aus physikalisch-chemisch konserviertem Most gewonnen werden. Zur Gewinnung der Säfte werden hochproduktive Rebsorten (über 10 t/ha) mit einem Zuckergehalt von mindestens 150 g/l und einem hohen Säuregehalt (5-6 g/l in H_2SO_4) verwendet.

Herstellung von natürlichem Traubensaft. Natürlicher Traubensaft ist ein alkoholfreies Getränk, das aus hochwertigen Sorten durch Anwendung einer Technologie gewonnen wird, die die Erhaltung seiner ursprünglichen Eigenschaften ausschließlich durch physikalische Verfahren gewährleistet (Abb. 1.10.).

Die geernteten Trauben werden vor dem Pressen gewaschen und gedroschen, wodurch Verunreinigungen und ein großer Teil der Mikroflora von der Oberfläche der Beeren entfernt werden. Für die Herstellung von natürlichem Saft werden nur Ravac-Most und der Most aus der ersten Pressung verwendet.

Die folgenden Arbeitsgänge zielen darauf ab, die Oxidation und Gärung des Mostes zu verhindern. Nach dem Zentrifugieren wird der Most auf 45^0 C erhitzt und mit pektolytischen Enzymen behandelt, wobei die Dosierung je nach Gehalt an Pektinstoffen variiert.

Die schnelle Pasteurisierung (Erhitzung der Würze auf 120^0 C für einige Sekunden), gefolgt von der aseptischen Abfüllung in sterile Behälter, gewährleistet eine gute Entproteinisierung des Mostes und die Zerstörung der oxidativen Enzyme.

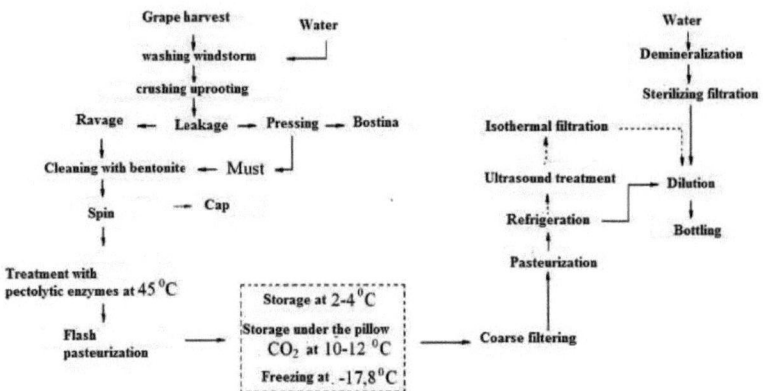

Abb. 1.10. Technologisches Schema für die Herstellung von natürlichem Traubensaft

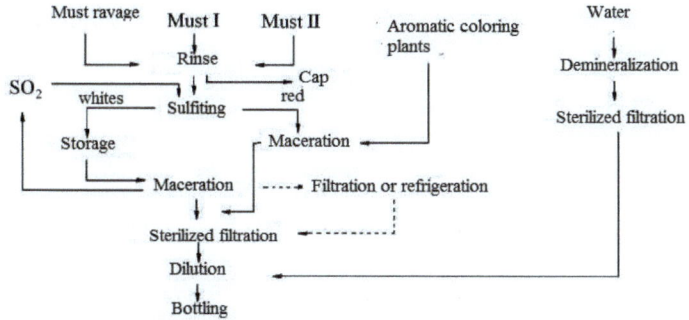

Abb. 1.11. Technologisches Schema für die Herstellung von Traubensaft

Um die Entwicklung von Hefen und Schimmelpilzsporen zu vermeiden, kann der Most in drei Varianten gelagert werden: in isothermischen Kammern bei 2-4^0 C, unter einem CO_2 Kissen bei 10-12^0 C oder durch Einfrieren bei -17,8^0 C.

Vor der Abfüllung wird der Most ausgelagert, gefiltert, pasteurisiert, gekühlt, eventuell mit Ultraschall behandelt (beschleunigt die Ablagerung von Weinstein) und schließlich mit aufbereitetem Wasser verdünnt (entmineralisiert und steril gefiltert).

Herstellung von Traubensaft. Er wird durch eine Technologie gewonnen, die auf der Sulfatierung und Entsulfatierung des Mostes basiert (Abb. 1.11), wobei der Saft am Ende 50 mg/l Gesamt-SO_2 nicht überschreiten darf.

ermöglicht die Korrektur des Säuregehalts (maximal 0,5 g/l Zitronensäure), CO_2 Imprägnierung, Geschmacks- und Farbverbesserung.

Der durch Abtropfen und Pressen gewonnene Most wird geklärt und zur Haltbarmachung in Abhängigkeit vom Zuckergehalt, der Temperatur und der Lagerdauer mit bis zu 600 mg/l SO_2 geschwefelt. Um gefärbte und aromatische Moste zu erhalten, wird der Most mit 500 - 1000 mg/l SO_2 geschwefelt, 5 Tage lang mazeriert und die Farbstoffe extrahiert, danach wird der Most in normalen Behältern gelagert.

Die Desulfatierung erfolgt in speziellen Anlagen unter Luftabschluss, ohne Verdünnung oder Konzentration und mit Rückgewinnung der Aromen, gefolgt von Filtration, Verdünnung mit behandeltem Wasser und Abfüllung.

Technologie der Traubenmostaufbereitung. Traubenmost ist die Substanz, die für die Gewinnung von Weinen und Säften prämiert wird, um sie als solche für einen längeren Zeitraum aufzubewahren, wobei Maßnahmen erforderlich sind, die den Eintritt in die Gärung verhindern. Zu dieser Gruppe gehören geschnittener Most, alkoholischer Most oder Mistel und konzentrierter Most.

Herstellung von geschnittenem Most. Der geschwefelte Most, der mit SO$_2$ dosiert wird und nicht mehr in die Gärung geht, wird als geschnittener Most bezeichnet. Um die biologische Stabilität der Moste zu gewährleisten, wird SO$_2$ in Abhängigkeit von der Belastung der Hefe mit 600-850 mg/l für weißen und bis zu 1000 mg/l für roten Most dosiert.

Herstellung von alkoholischem Most. Mistel ist ein frischer weißer oder roter Most, der nicht vergoren, geklärt und alkoholisiert ist. Die dem Most zugesetzte Alkoholmenge muss den Beginn der Gärung verhindern (15-20 Vol.-% Alkohol).

Nach dem Abtrennen des Mostes vom Trub wird er geschwefelt, mit Bentonit geklärt, dekantiert, gefiltert und in Gefäße zur Alkoholisierung umgefüllt. Bei der Herstellung der roten Mistel wird der Most in geschlossene Gefäße gefüllt, alkoholisiert und 15-20 Tage lang mazerieren gelassen. Nach der Mazeration wird die Mistel abgezogen, die Boshtina wird gepresst und die beiden Fraktionen werden gemischt.

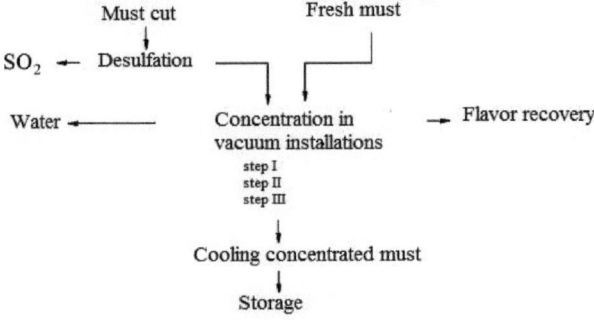

Abb. 1.12. Das technologische Schema zur Gewinnung des konzentrierten Mosts

Der zur Herstellung der Mistel verwendete Alkohol muss einen Alkoholgehalt von über 90 % vol aufweisen, das Weindestillat mindestens 45 % vol.

Herstellung von konzentriertem Most. Konzentrierter Most ist das Erzeugnis, das durch teilweisen Wasserentzug aus frischem oder geschnittenem Most gewonnen wird, dessen Zuckergehalt mindestens 650 g/l beträgt, gemäß dem Schema in Abbildung 1.12. Die Konzentrierung von Most erfolgt in der Regel in dreistufigen

Vakuumkonzentratoren, die mit einer Aromarückgewinnung und einem Desulfiter ausgestattet sind.

Die Konzentration der Moste bestimmt die Verringerung des Lagervolumens und gewährleistet eine gute biologische Stabilität. Konzentrierte Moste werden in Metall- oder Styroporbehältern gelagert, die ständig gefüllt sind, um die Bildung von Kondenswasser zu vermeiden, das zu einer Verdünnung des Mostes an der Oberfläche und zur Entwicklung von Hefen führen würde, die eine Gärung auslösen könnten.

Die frischen konzentrierten Moste sind qualitativ besser als die aus übersulfatierten Mosten gewonnenen, aber in Ermangelung leistungsfähiger und produktiver Anlagen werden die Moste gesulfatiert und dann im Laufe des Jahres entschwefelt und konzentriert.

Technologie zur Herstellung von Weindestillaten. Es handelt sich um alkoholische Getränke, die durch die Destillation von Wein gewonnen werden, wobei das Referenzprodukt Cognac ist. Die Qualität des gealterten Weindestillats als Enderzeugnis hängt von der Qualität des Rohmaterials, der Destillationsmethode und der Reifung des Destillats ab. Die Technologie zur Gewinnung von Weindestillaten ist in Abbildung 1.13 dargestellt.

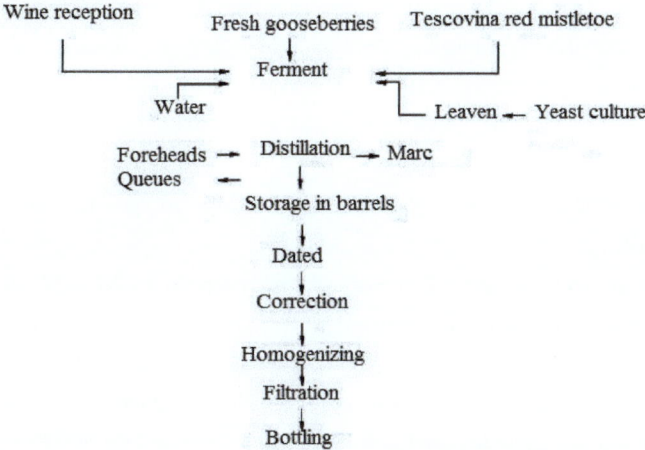

Abb. 1.13. Technologisches Schema zur Gewinnung von Weindestillaten

Der Rohstoff für Destillate ist Wein, der folgende Qualitätsbedingungen erfüllen muss: Alkoholgehalt ca. 10 Vol.-% oder noch weniger, geringe flüchtige Säure, gebundene Säure von 6-7 g/l in H_2SO_4, Zuckergehalt unter 4 g/l, geringe Anteile an Extrakt und SO_2. Für die Destillation werden auch Traubentrester und der aus der Pressung der roten Mistel gewonnene Trester (enthält eine erhebliche Menge an Alkohol) verwendet.

Die Destillation von Weinen erfolgt unmittelbar nach dem Ende der alkoholischen Gärung, wobei der Prozess in drei Phasen abläuft. Ziel der Destillation ist es, die wichtigsten flüchtigen Bestandteile des Weins, insbesondere den Ethylalkohol, abzutrennen und zu konzentrieren.

Zur Reifung werden nur die mittleren Fraktionen der Destillation in Eichenfässer mit einem Fassungsvermögen von 500-550 l gefüllt, die in speziell dafür vorgesehenen Räumen gelagert werden. Im Allgemeinen haben die zur Reifung bestimmten Destillate einen Alkoholgehalt von 56-70 % vol.

Unter der Einwirkung von Alkohol werden Gerbstoffe, Polyphenole, Farbstoffe, Mineralsalze, Hemizellulose, alkohollösliches Lignin usw. gelöst und aus dem Holz des Fasses extrahiert. Oxidationsprozesse, die durch einige Stoffe im Destillat beschleunigt werden, wirken auf diese sowie auf die Bestandteile der Destillation ein.

Das extrahierte Lignin wird einem Zersetzungsprozess unterzogen, bei dem vanilleartige Aromastoffe entstehen, die dem Produkt einen angenehmen Geruch verleihen. Die dabei entstehende Hemicellulose hydrolysiert einfache, reduzierende Zucker, die zur Geschmacksverbesserung beitragen. Tannoide Substanzen geben einen herben Geschmack, der nach ihrer Oxidation durch das Auftreten einiger Marmeladentöne verbessert wird.

Die Reifezeit ist je nach der Qualität des zu gewinnenden Destillats unterschiedlich.

Für Destillate geringerer Qualität beträgt der Zeitraum 4-5 Jahre, für die mittleren 15 Jahre und für die höheren 15-20 Jahre.

Vor der Abfüllung wird das Destillat der Reifung mit destilliertem Wasser, gealterten aromatischen Wässern und gealterten Weindestillaten (20-25 Vol.-%) im Alkoholgehalt korrigiert (er sinkt auf 38-42 Vol.). Es folgt eine leichte Süßung mit karamellisiertem Zucker, der im Destillat aufgelöst wird. Danach wird das Produkt zur Homogenisierung einige Monate lang in Behältern gelagert, wobei auch eine Klärung erfolgt.

I.3. Verarbeitung von Nebenprodukten der Weinbereitung

Als weitere wichtige Nebenprodukte der Weinherstellung können folgende genannt werden:
- Trester, der bei der Kelterung von weißen oder rosafarbenen Trauben entsteht, und alkoholfreie Erzeugnisse,
bzw. aus dem Auspressen des vergorenen Trubs der roten Trauben;
- die Hefen, die sich auf dem Boden der Gärbehälter absetzen;
- burba, die bei der Klärung des Mostes entsteht;
- Ablagerungen aus der Klärung von Wein;
- borhot, der bei der Weindestillation entsteht.

Aus diesen Rohstoffen können, wenn sie richtig verarbeitet werden, weitere Produkte von großem Wert gewonnen werden, wie z. B:

● Weinsäure und Tartrate: Sie werden in der Chemie-, Pharma-, Textil- und Lebensmittelindustrie usw. verwendet;

● Ethylalkohol: entsteht bei der Destillation von Preiselbeeren und Weinhefen und wird nach der Rektifikation zur Alkoholisierung von Weinen verwendet;

● Öle: Sie entstehen bei der Verarbeitung der Samen vor der Destillation des Tresters und werden in Lebensmitteln und in der Kosmetikindustrie verwendet;

● Tannin: Es wird aus Abfällen gewonnen und als Tierfutter verwendet; Farbstoffe werden aus roten Sorten gewonnen und in der Lebensmittelindustrie als natürlicher Farbstoff verwendet;

● Futtermehl: Es wird aus Trester gewonnen, nachdem die Kerne und der Alkohol entfernt wurden, und wird in der Tierernährung verwendet;

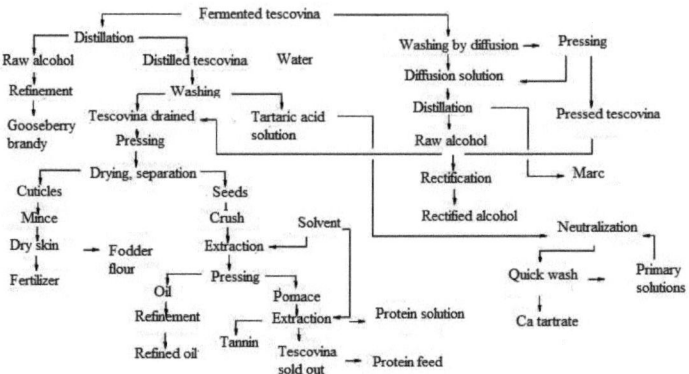

Abb. 1.14. Das technologische Schema der komplexen Verarbeitung von unvergorenem Trester

Hauptsächlich wird der Trester verarbeitet, der je nach Herkunft unvergoren (bei den weißen und aromatischen Sorten) oder vergoren (bei den roten Sorten) sein kann.

Ein weiteres wichtiges Nebenprodukt der Weinherstellung sind die Hefen, die Ablagerung bis zum ersten Nebenfluss, dessen technologisches Verarbeitungsschema und die daraus resultierenden Produkte in Abbildung 1.16 dargestellt sind.

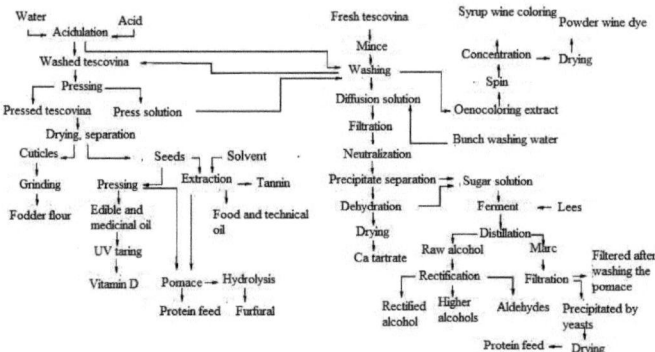

Abb. 1.15. Technologisches Schema der komplexen Verarbeitung von vergorenem Trester

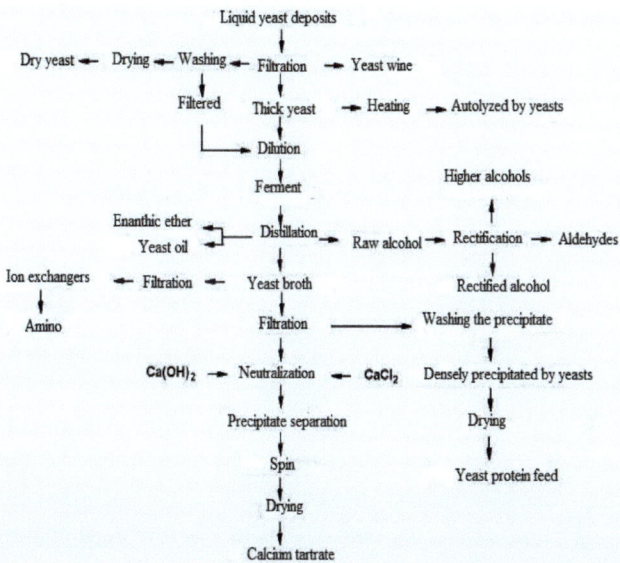

Abb. 1.16. Technologisches Schema der komplexen Verarbeitung von Weinhefen

II. UNTERSUCHUNG DES RHEOLOGISCHEN VERHALTENS VON WEINEN

II.1. Einleitung

Die Weinrebe ist die weltweit am häufigsten angebaute Obstsorte. Derzeit beträgt die Rebfläche etwa 8 Millionen Hektar. In Europa nimmt sie etwa 57 % der Anbaufläche ein, *d. h.* etwa 4,5 Millionen Hektar. Nach Angaben der Organisation Internetionale de la Vignet et du Vin [3] werden jährlich 66,5 Mio. t Weinreben verarbeitet. Davon werden 38 Mio. t Weinreben in Europa verarbeitet.

Dies zeigt, dass Wein ein sehr wichtiges Lebensmittel ist und eine detaillierte Beschreibung seiner chemischen und physikalischen Eigenschaften äußerst wünschenswert ist. So wurden beispielsweise die chemischen und physikalischen Eigenschaften von Weintrauben in Arbeiten von [1] und die grundlegenden physikalischen Eigenschaften von Wein (insbesondere von Sauvignon Blanc) in [2] beschrieben. Obwohl problematisch, wurde das rheologische Verhalten von Weinen in wissenschaftlichen Arbeiten nicht ausführlich behandelt. Im Allgemeinen sind die rheologischen Eigenschaften von Getränken in vielen Arbeiten beschrieben worden. Dabei handelt es sich hauptsächlich um Orangen- und Tomatensäfte [4-6]; viele Arbeiten befassen sich mit Traubensäften [7-9] oder Milch [10]. Die grundlegenden rheologischen Eigenschaften von Wein sind jedoch nur in wenigen Arbeiten untersucht worden.

Ein Beispiel hierfür ist die Arbeit [11]. Košmerl stellt fest, dass die Kenntnis der thermophysikalischen und chemischen Eigenschaften von Wein, insbesondere der Dichte- und Viskositätsdaten, für die Auslegung und Bewertung von industriellen Verarbeitungsanlagen von wesentlicher Bedeutung ist. Diese Informationen werden für eine Vielzahl von Forschungs- und technischen Anwendungen in einem breiten Konzentrations- und Temperaturbereich benötigt [11]. Aus diesem Grund ist die Kartierung der rheologischen Eigenschaften von Weinen sehr wichtig. Ziel dieser Arbeit ist es, eine detaillierte Beschreibung der rheologischen Eigenschaften ausgewählter tschechischer Weine und deren mathematische Auswertung zu liefern.

II. 2. Material und Methoden

Für die Laboranalyse wurden vier Proben von Weiß- und vier Proben von Rotweinsorten verwendet. Diese Weine wurden aus Trauben hergestellt, die 2014 in der Tschechischen Republik (Region Morava, Unterregion Velke Pavlovice) geerntet wurden.

Es gibt verschiedene Methoden zur Messung des rheologischen Verhaltens von Substanzen mit unterschiedlichen Messgeometrien wie konzentrischen Zylindern, Kegel und Platte oder parallelen Platten [12]. Einen umfassenden Überblick über die Messverfahren für rheologische Prüfungen gibt der Beitrag von [13]. Die rheologische Messung von Substanzen für diese Arbeit wurde mit einem Anton Paar MCR 102 Rheometer (Österreich) mit einer Messkegel-Platten-Geometrie mit einem Winkel von 1° durchgeführt. Der Durchmesser der Platte betrug 50 mm. Der Spalt wurde auf einen Wert von 0,213 mm eingestellt. Der konstante Schertest wurde mit einer Scherrate von 50 s^{-1} durchgeführt. Der Hystereseschleifentest wurde mit einem Intervall der Scherrate von 0 bis 100 s^{-1} bei Temperaturen von 5, 12, 30 und 40°C durchgeführt. Die Fließkurven wurden anhand des folgenden Modells modelliert:

Herschel-Bulkley-Modell:

$$\tau = \tau_0 + K\dot{\gamma}^n \qquad (2.1)$$

wobei: τ - Scherspannung (Pa), τ_0 - Fließspannung (Pa), K - Konsistenzkoeffizient, n - Fließverhaltensindex, $\dot{\gamma}$ - Schergeschwindigkeit (s^{-1}).

Die Änderung der scheinbaren Viskosität in Abhängigkeit von der Temperatur wurde im Temperaturbereich von 5, 12, 30 und 40 °C gemessen. Die Scherrate war konstant mit einem Wert von 50 s^{-1}.

Alle Messungen wurden in drei Wiederholungen durchgeführt. Für die Bestimmung der Dichte der einzelnen Proben wurde die pyknometrische Methode verwendet. Zu diesem Zweck wurden Pyknometer mit einem Volumen von 50 ml und eine Analysenwaage Radwag AS 220/X (Polen) mit einer Genauigkeit von 0,0001 g verwendet. Für jede Flüssigkeitsprobe wurde der Dichtewert in drei Wiederholungen ermittelt.

Für die Bestimmung des Gesamtsäuregehalts wurde ein Schott TitroLine Easy Titrator (SI Analytics, SRN) verwendet. Alle titrierten Säuren (EWG-Nr. 2676/90) im

Wein sind die Summe der Verbindungen, die mit Standardlauge auf pH 7 titrierbar sind. Kohlensäure ist in der Gesamtsäure nicht enthalten.

Für die Bestimmung des pH-Wertes wurde ein pH-Meter WTW mit einer kombinierten Glas- und einer Argentochlorid-Gelelektrode verwendet. Der pH-Wert wird anhand der Messung des Potenzials der Glaselektrode bestimmt. Das Potenzial hängt von der Aktivität der Wasserstoffkationen ab.

Für die Bestimmung des Gesamtalkoholgehalts wurde das Dujradin-Salleron-Ebullioskop verwendet. Dieser Gerätetyp ermöglicht die Messung des Alkoholgehalts auf der Grundlage der Unterschiede im Siedepunkt der Proben.

Diese Methode basiert auf dem Siedepunkt von destilliertem Wasser und den gemessenen Weinproben. Im Allgemeinen hat Alkohol eine niedrige Siedetemperatur; je höher der Alkoholgehalt ist, desto niedriger ist der Siedepunkt.

Die Konzentration an reduzierten Zuckern wurde mit der verkürzten jodometrischen Methode nach Rebelein aus der Differenz der Verbrauchsraten von Natriumthiosulfat bei der Titration des Kupferkations (das eine bestimmte Konzentration hat) und der Bilanz nach der Reaktion mit reduzierenden Zuckern im Wein bestimmt.

Freies und gesamtes SO_2 wurde durch Titration der Standardlösung von Jod bestimmt. Zu diesem Zweck wurde ein HI 84500 Titrator verwendet. Die Jod-Standardlösung oxidiert zu dem im Wein enthaltenen freien SO_2.

Die Menge der flüchtigen Säuren wurde mit der spektrometrischen Methode bestimmt. Es wurde ein FTIR-Spektrometer Nexus 670 verwendet. Es ermöglicht die Messung der MIR-Absorptionsspektren (von 7800 bis 350 cm^{-1}) und FIR-Absorptionsspektren (von 700 bis 50 cm^{-1}). Grundlage der Messung ist die Wechselwirkung von Mikropartikeln (Molekülen) mit Infrarotstrahlung.
Jede Messung wurde dreimal wiederholt. Daher wurde die Standardabweichung (SD) für jeden Wert, der die Weinproben charakterisiert, bestimmt.

Für ausgewählte Messdaten wurde eine Hauptkomponentenanalyse durchgeführt. Zu diesem Zweck wurde das statistische Softwarepaket "Statistica 12.0" (StatSoft Inc., USA) verwendet.

II.3. Ergebnisse und Diskussion

Die grundlegenden chemischen Eigenschaften von Wein sind in Tabelle 2.1 aufgeführt. Die Grenzwerte für die in den auf dem Markt befindlichen Weinen enthaltenen Stoffe müssen den Rechtsvorschriften der Europäischen Union und den nationalen Rechtsvorschriften der Tschechischen Republik entsprechen.

Dazu gehören die Verordnung (EG) Nr. 479/2008 des Rates (die Grundverordnung) und die Verordnung (EG) Nr. 606/2009 der Kommission, die Verordnung Nr. 607/2009 (önologische Verfahren) und das Gesetz Nr. 321/2004 Slg. über Weinbau und Weinbereitung. Aus den erhaltenen Ergebnissen geht hervor, dass der Gehalt an Gesamtsäuren in den untersuchten Proben zwischen 5,12 und 6,68 g l^{-1} lag. Nach Iland et al. [14] stellt die Gesamtsäure die Menge aller Anionen organischer Säuren im Most dar. Gemessen wird der Gehalt an organischen Säuren sowie deren Salze, falls vorhanden. Jackson [15] gibt an, dass der typische Gehalt an Säuren in Wein, der in der gemäßigten Zone hergestellt wird, zwischen 5 und 9 g l^{-1} liegt. Auch andere Autoren, z. B. Ribéreau a Traduction [16], berichten, dass der Gehalt an Säuren in Wein zwischen 5 und 7,5 g l^{-1} liegt.

Der pH-Wert kann als das wichtigste Maß für die Weinqualität angesehen werden. Der pH-Wert hängt von der Zusammensetzung der einzelnen Säuren ab. Der pH-Wert liegt im Allgemeinen zwischen 3,0 und 4,0 [17]. Es besteht ein Zusammenhang zwischen dem pH-Wert und den im Wein enthaltenen Säuren. Je höher der Gehalt an Säuren ist, desto niedriger ist der pH-Wert [18]. Werte zwischen 3,0 und 3,8 werden als optimaler pH-Wert für Wein angesehen. Während der Reifung kann der pH-Wert geringfügig ansteigen. Die Ergebnisse unserer Analyse zeigen, dass der pH-Wert in diesem Bereich lag und Werte von 3,01 bis 3,53 erreichte. Schneider [19] führte eine Langzeitüberwachung des pH-Werts in Wein durch und stellte fest, dass sehr hohe oder sehr niedrige pH-Werte viele Probleme verursachen. Wein mit hohem pH-Wert kann sich verschlechtern, ist weniger stabil, verliert an Komplexität und die Weintöne haben oft einen muffigen Geruch. Im Gegenteil, ein niedriger pH-Wert wirkt sich negativ auf die Farbe des Rotweins und die Fülle des Geschmacks aus.

Breier [20] berichtet, dass der Alkoholgehalt im Weißwein zwischen 10,5 und 12 % vol und im Rotwein zwischen 12 und 14 % vol in den nördlichen Weinbaugebieten liegt. Kaltzin [21] stellt fest, dass der Alkoholgehalt im Wein von vielen Faktoren beeinflusst wird, wie z. B. dem Reifegrad der Trauben zum Zeitpunkt der Ernte, der

Technologie der Traubenverarbeitung und der Gärungstechnologie. Burg *et al.* [22] bewerteten auch den Einfluss von agrotechnischen Messungen des Zuckergehalts der Trauben im Weinberg und der Qualität der Weine. Bei der sensorischen Bewertung werden Weine mit einem Alkoholgehalt von 12 bis 14 % vol als kräftig eingestuft. Die untersuchten Proben hatten einen höheren Alkoholgehalt, *d. h.* über 13 % vol. Dies hing damit zusammen, dass die geernteten Trauben eine hohe Qualität aufwiesen und ohne Temperaturregelung vergoren wurden, da die meisten in der Pressung enthaltenen Kohlenhydrate vergoren werden müssen.

Breier [20] gibt an, dass stiller Wein (vergorener Wein mit geringem Restzuckergehalt) maximal 4 g Restzucker pro Liter enthalten darf. Dieser Wert wurde von der Sorte Saint Laurent (4,3 g l^{-1}) und Riesling Italico (8,5 g l^{-1}) überschritten. Beide Proben können in die Kategorie der halbtrockenen Weine eingeordnet werden, bei denen der Höchstwert des Restzuckers durch die Obergrenze von 12 g l^{-1} Wein begrenzt ist.

Schwefeldioxid im Wein tritt in zwei Formen auf: frei und gebunden; die Summe dieser beiden Formen ergibt die Gesamtmenge an Schwefeldioxid im Wein. Nur die freie Form des Schwefeldioxids hat einen Einfluss auf die Konservierung und den Abbau des Weins [17]. Schwefeldioxid im Wein ist gesundheitlich unbedenklich, doch darf der zulässige Höchstwert nicht überschritten werden. Für trockene Rotweine gilt ein Höchstwert von 160 mg l^{-1}, für Weiß- und Roséweine 210 mg l^{-1}. Keine der untersuchten Proben überschritt den zulässigen Höchstwert.

Tabelle 2.1. Grundlegende chemische Eigenschaften von Weinen

Muster	Gesamter Säuregehalt (g l)$^{-1}$	pH-Wert	Alkohol (%)	Reduzierter Zucker (g l)$^{-1}$	Freies SO2 (mg l)$^{-1}$	SO2 insgesamt (mg l)$^{-1}$	Flüchtige Säure (%)
André	5.61±0.01	3.51±0.01	13.4±0.01	3.3±0.02	56.1±0.07	149.7±0.07	0.49±0.01
Cabernet Moravia	5.12±0.02	3.48±0.01	14.5±0.02	2.8±0.01	54.8±0.14	154.6±0.42	0.45±0.01
Laurot	6.16±0.01	3.27±0.01	13.9±0.00	3.5±0.02	79.8±0.00	159.9±0.07	0.55±0.02
Saint	5.66±0.04	3.32±0.0	13.4±0.0	4.3±0.01	59.8±0.1	159.6±0.0	0.38±0.0

Laurent		1	1		4	7	1
Grüner Veltliner	6.27±0.01	3.53±0.01	13.3±0.07	1.6±0.01	38.4±0.21	170.5±0.21	0.02±0.03
Weißer Burgunder	5.59±0.02	3.12±0.01	13.0±0.01	1.9±0.02	19.9±0.00	156.3±0.21	0.15±0.04
Müller Thurgau	5.54±0.02	3.01±0.01	13.4±0.00	2.1±0.03	20.7±0.07	148.5±0.21	0.20±0.01
Riesling Italico	6.68±0.01	3.36±0.01	13.5±0.02	8.5±0.01	25.9±0.00	160.5±0.28	0.09±0.01

Essigsäure ist die wichtigste aller im Wein vorhandenen Säuren. Die üblichen Mengen zwischen 0,2 und 0,8 g l^{-1} haben keinen Einfluss auf den Geschmack und die Qualität des Weins [23]. Eine Konzentration von 1,4 g l-1 und mehr ist für ein unangenehmes Essigaroma verantwortlich [24]. Die grundlegenden physikalischen Eigenschaften von Wein sind in Tabelle 2.2 dargestellt.

Hier stellen wir die Dichte (gemessen bei 20°C) und die Aktivierungsenergie vor. Die Werte der Aktivierungsenergie reichten von 16,728 bis 30,205 kJ mol^{-1} , und der Mittelwert der gemessenen Werte betrug etwa 22,7 kJ mol-1. Die Werte für die Dichte wiederum wurden im Bereich von 975,4 bis 10 22,5 kg m^{-3} gemessen. Ähnliche Werte für die Aktivierungsenergie wurden in der von [11] vorgestellten Arbeit angegeben und lagen zwischen 18,631 und 20,136 kJ mol-1. Die Aktivierungsenergie von klarem Traubensaft reichte beispielsweise von 16,330 (bei einer Dichte von 1097,3 kg m-3 bei einer Temperatur von 20 °C) bis 52,015 kJ mol-1 (bei einer Dichte von 1358,4 kg m-3 bei einer Temperatur von 20 °C) in Abhängigkeit von der Saftkonzentration in der Mischung [7].

Tabelle 2.2. Grundlegende physikalische Eigenschaften von Weinen

Muster	Dichte (20°C) (kg m)$^{-3}$	Aktivierungsenergie (kJ mol)$^{-1}$	R^2
André	1021.2±1.2	22.2	0.936
Cabernet Moravia	1019.3±0.8	22.5	0.937
Laurot	1017.7±1.8	28.6	0.972

Saint Laurent	1006.0±1.1	21.8	0.948
Grüner Veltliner	1007.0±0.9	23.5	0.934
Weißer Burgunder	983.2±1.3	16.7	0.792
Müller Thurgau	1022.5±2.1	30.2	0.949
Riesling Italico	975.4±0.9	21.0	0.884

Die Auswertung des Arrhenius-Modells für einzelne Proben ist in Abb. 2.1 dargestellt.

Der Bestimmungskoeffizient wies Werte von R2 = 0,792 (Pinot Blanc) bis R^2 = 0,972 (Laurot) auf. Der Bestimmungskoeffizient der meisten Proben hatte jedoch einen Wert über R2 = 0,93, was relativ hoch ist.

Die scheinbare Viskosität von Weinen wurde in einem Temperaturbereich von 5 bis 40 °C gemessen (Tabelle 2.3).

Die Sorte Pinot Blanc hatte den höchsten Wert der scheinbaren Viskosität bei 5°C (0,005 Pa s). Die Sorte André wiederum hatte den niedrigsten Wert der scheinbaren Viskosität bei 5°C (0,004 Pa s). Interessant ist, dass die scheinbare Viskosität aller Proben bei einer Temperatur von 40°C ungefähr gleich war. Zum Vergleich: In der von [11] vorgestellten Arbeit lag die scheinbare Viskosität von Wein bei 0,002 mPa s. Die Viskosität verschiedener Getränke variierte, d. h. sie betrug 0,006 mPa s bei wärmebehandeltem Wassermelonensaft [25] und 0,002 mPa s bei Heidelbeersaft [26]. Der Hystereseschleifentest war das nächste Experiment, das durchgeführt wurde. Bei diesem Test wird der Einfluss der Schergeschwindigkeit auf die Scherspannung bestimmt. Wenn die Schergeschwindigkeit im ersten Schritt erhöht wurde, wurde sie im zweiten Schritt verringert. Dadurch wurde ein so genannter Hysteresebereich nachgewiesen. Die Größe der Hystereseflāche kann als Maß für den Grad der Thixotropie angesehen werden [27]. Die Hystereseflāche kann jedoch nicht als alleiniges Maß für die Bewertung von Thixotropie oder Antithixotropie herangezogen werden. So argumentiert Baudez [28], dass die Hystereseflāche lediglich eine Folge der Scherlokalisierung und nicht des thixotropen Verhaltens ist und eng mit dem Gerät und der Datenerfassung zusammenhängt. Dies bedeutet, dass der Schleifentest nur ein

Näherungstest für die rheologische Bewertung von Proben ist. Daher sind andere Arten von rheologischen Tests erforderlich.

Tabelle 2.3. Dynamische Viskosität von Weinen bei verschiedenen Temperaturen

Muster	Dynamische Viskosität (mPa s)				
	Temperatur (°C)				
	5	12	20	30	40
André	2.9±0.1	2.6±0.2	1.7±0.3	1.5±0.1	1.0±0.2
Cabernet Moravia	3.2±0.2	2.5±0.1	1.7±0.2	1.4±0.2	1.3±0.1
Laurot	3.9±0.3	2.8±0.3	2.4±0.2	1.5±0.3	0.9±0.2
Saint Laurent	3.0±0.2	2.4±0.2	1.6±0.3	1.3±0.2	1.0±0.2
Grüner Veltliner	3.0±0.3	2.2±0.2	1.9±0.2	1.1±0.2	1.0±0.2
Weißer Burgunder	4.5±0.4	3.2±0.3	2.4±0.3	1.5±0.2	1.1±0.1
Müller Thurgau	3.0±0.1	2.4±0.2	1.7±0.2	1.5±0.1	1.4±0.1
Riesling Italico	2.9±0.2	2.4±0.1	1.6±0.3	1.3±0.1	1.0±0.1

Alle Werte in der Tabelle als Mittelwert aus drei Wiederholungen ± SD.

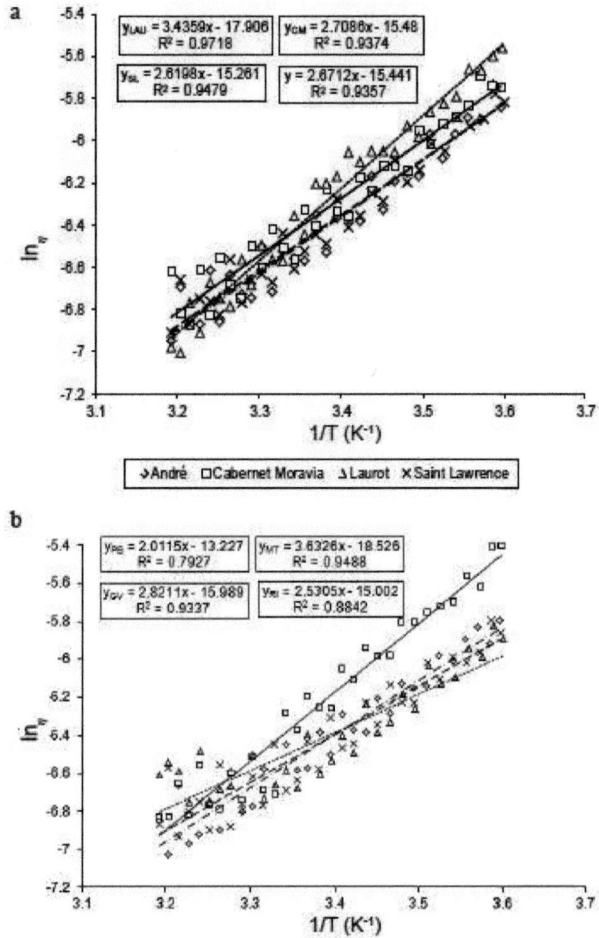

Abb. 2.1. Auswertung des Arrhenius-Modells für: a - Rotwein und b - Weißwein.

Die Abhängigkeit der Schergeschwindigkeit von der Scherspannung ist in Abb. 2.2 dargestellt. Die Ergebnisse der Messungen an den Rotweinen sind in Abb. 2.2a dargestellt. Die Ergebnisse der Messungen an den Weißweinen sind in Abb. 2.2b dargestellt. Die Abbildungen zeigen die Ergebnisse der Messungen, die bei 5°C und nur für zwei Sorten durchgeführt wurden. Der Grund dafür ist, dass die Hystereseschleife bei dieser Temperatur und für die ausgewählten Sorten am größten war. Die Werte der Hystereseflächen sind in Tabelle 2.4 aufgeführt.

Aus Tabelle 2.4 ist ersichtlich, dass sich alle Proben bei einer Temperatur von 5°C als nicht-newtonsche Flüssigkeiten verhielten, was auf die Bildung der Hystereseschleife zurückzuführen ist. Die einzige Ausnahme bildete die Probe von André. Als die Temperatur sank, begannen die gemessenen Proben, sich wie Newtonsche Flüssigkeiten zu verhalten. Košmerl [11] argumentiert, dass sich Wein im Allgemeinen wie eine newtonsche Flüssigkeit verhält. Dies steht jedoch im Gegensatz zu den Ergebnissen der vorliegenden Arbeit. Es ist wichtig zu beachten, dass die Proben in der Arbeit von Košmerl bei einer Temperatur von 20 bis 50 °C gemessen wurden. Das Ergebnis, dass sich Wein bei niedrigen Temperaturen wie eine nicht-newtonsche Flüssigkeit verhält, ist eine neue Erkenntnis. Allerdings sind die Werte der Hystereseflächen relativ klein, und das nicht-newtonsche Verhalten ist nicht ausreichend ausgeprägt. Zum Vergleich: Der Wert der Hysteresefläche von Heidehonig beträgt 25 000 Pa s^{-1} ml^{-1} bei einer Temperatur von 10°C [29].

Die Erklärung für das nicht-newtonsche Verhalten kann wie folgt lauten. Wein ist eine mikrodisperse Lösung, die viele Teilchen in Form von mechanischen Verunreinigungen, hefebildenden Substanzen, Mikroorganismen (Hefen, Bakterien), Kolloiden, Ionenmolekülen und Atomen mit einer Größe von bis zu 10-7 mm enthält. Das kombinierte Vorhandensein dieser Partikel kann die physikalischen Eigenschaften der Weine beeinflussen [17]. Die Eigenschaften dieser mikrodispersiven Lösungen können durch grundlegende Membranprozesse bei der Filtration von Wein beeinflusst werden [30,31].

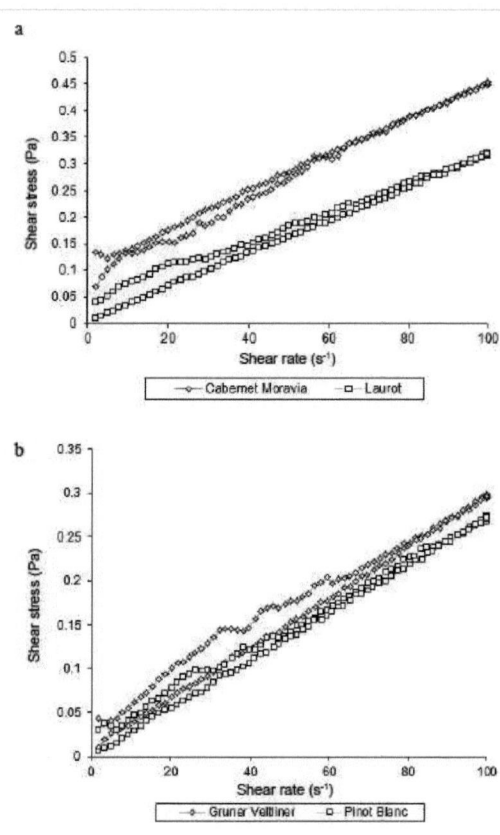

Abb. 2.2. Hystereseschleife ausgewählter a - Rot- und b - Weißweine bei 5°C

Tabelle 2.4. Hysteresebereiche der Proben bei verschiedenen Temperaturen

Muster	Hysteresebereich (Pa s^{-1} ml)$^{-1}$				
	Temperatur (°C)				
	5	12	20	30	40
André	*	*	*	*	*
Cabernet Moravia	0.69±0.08	*	*	*	*
Laurot	1.80±0.12	*	*	*	*
Saint Laurent	0.59±0.05	0.25±0.15	*	*	*
Grüner	1.85±0.10	0.72±0.21	*	*	*

Veltliner Weißer Burgunder	1.09±0.15	0.46±0.12	*	*	*	
Müller Thurgau	0.51±0.09	0.25±0.12	*	*	*	
Riesling Italico	0.79±0.11	0.43±0.09	*	*	*	

*Die Probe verhält sich wie eine Newtonsche Flüssigkeit. Andere Erklärungen wie in Tabelle 2.3.

Das mathematische Modell von Herschel-Bulkley wurde für die Bewertung der Abhängigkeiten der Schergeschwindigkeit von der Schubspannung verwendet. Dieses Modell wird für die Beschreibung der Fließkurve eines Materials mit scherverdünnendem oder scherverdickendem Verhalten verwendet. Die Ergebnisse sind in Tabelle 2.5 aufgeführt.

Aus Tabelle 2.5 ist ersichtlich, dass der Bestimmungskoeffizient für alle Temperaturen und Sorten sehr hoch ist und von $R^2 = 0{,}911$ bis $R^2 = 0{,}999$ reicht.

Weitere wichtige Parameter, die in Tabelle 5 aufgeführt sind, sind die Parameter n und k. Der Konsistenzindex k gibt die extrapolierte Schubspannung bei einer Schergeschwindigkeitseinheit an. Der Fließindex ist ein Maß für die Abweichung vom Newtonschen Verhalten; wenn $n < 1$ ist, nimmt die Viskosität der Probe ab, und wenn $n > 1$ ist, nimmt die Viskosität der Probe zu. Wie aus Tabelle 2.5 hervorgeht, sind die Werte des Parameters n in den meisten Fällen eins oder kleiner als eins.

Tabelle 2.5. Rheologische Parameter des mathematischen Modells von Herschel-Bulkley

Muster	Temperatur (°C)	R^2	n	k
André	5	1.000	1.00±0.00	0.003
	12	0.999	1.02±0.02	0.002
	20	0.999	1.00±0.00	0.001
	30	0.994	1.00±0.00	0.001
	40	0.995	1.07±0.03	0.005
Cabernet Moravia	5	0.993	0.92±0.01	0.013
	12	0.996	0.69±0.08	0.003
	20	0.946	0.86±0.09	0.001

	30	0.998	1.00±0.00	0.001
	40	0.998	0.95±0.02	0.006
Laurot	5	0.979	0.86±0.01	0.002
	12	0.999	1.07±0.02	0.002
	20	0.999	1.00±0.00	0.002
	30	0.999	0.95±0.03	0.002
	40	0.993	0.89±0.04	0.004
Saint Laurent	5	0.998	0.96±0.01	0.002
	12	0.999	0.99±0.01	0.002
	20	0.997	0.94±0.02	0.002
	30	0.998	0.93±0.02	0.001
	40	0.997	0.99±0.01	0.006
Grüner Veltliner	5	0.978	0.85±0.02	0.001
	12	0.989	0.99±0.00	0.002
	20	0.998	0.92±0.02	0.002
	30	0.996	0.89±0.03	0.001
	40	0.911	0.99±0.01	0.004
Weißer Burgunder	5	0.990	0.92±0.00	0.004
	12	0.994	0.90±0.02	0.002
	20	0.999	0.96±0.02	0.002
	30	0.996	0.88±0.01	0.002
	40	0.991	0.84±0.02	0.002
Müller Thurgau	5	1.000	0.99±0.00	0.003
	12	0.995	0.90±0.01	0.003
	20	0.997	0.92±0.02	0.002
	30	0.998	0.98±0.02	0.001
	40	0.996	0.99±0.00	0.001
Riesling Italico	5	1.000	0.99±0.01	0.003
	12	0.994	0.89±0.02	0.004
	20	0.994	0.88±0.02	0.003
	30	0.998	0.96±0.01	0.001

	40	0.993	0.96±0.01	0.001

Der nächste Versuch bestätigte, dass es sich bei den untersuchten Proben um nicht-newtonsche Flüssigkeiten handelte. Die Abhängigkeit der scheinbaren Viskosität von der Schergeschwindigkeit wurde gemessen. Die ausgewählten Rot- und Weißweinsorten wurden wieder bei 5°C gemessen. Die Ergebnisse sind in Abb. 2.3 dargestellt.

Es ist offensichtlich, dass die scheinbare Viskosität mit zunehmender Scherrate abnimmt. Im Falle einer Newtonschen Flüssigkeit muss die Viskosität mit zunehmender Scherrate konstant sein.

Der letzte Schritt des Experiments konzentrierte sich auf das zeitabhängige Verhalten der Proben. Die Bestimmung der Zeitabhängigkeit der gemessenen Proben ist der Schlüssel zur Kenntnis der Art und Struktur der Flüssigkeit. Abbildung 4a zeigt die Abhängigkeit der scheinbaren Viskosität von Cabernet Moravia und Laurot von der Zeit.

Die Potenzfunktion beschreibt eine Analyse der gemessenen Datentrends. Die Regressionsanalyse zeigt einen negativen Trend - die scheinbare Viskosität nimmt mit zunehmender Zeit ab.

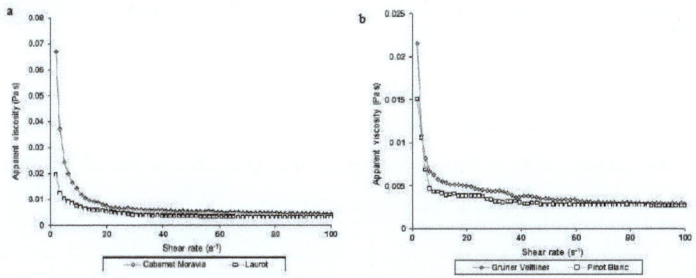

Abb. 2.3. Abhängigkeit der scheinbaren Viskosität von der Schergeschwindigkeit ausgewählter: a - Rot- und b - Weißweine bei 5°C

Leider sind die gemessenen Daten stark schwankend. Daher waren beide Bestimmungskoeffizienten relativ klein (Sorte Laurot $R^2 = 0{,}659$ und Sorte Cabernet Moravia $R^2 = 0{,}209$). Dennoch kann auf der Grundlage der Ergebnisse aus den vorangegangenen Versuchen der Schluss gezogen werden, dass diese Sorten ein scherverdünnendes Verhalten mit Thixotropie aufweisen. Eine ähnliche Situation wurde bei den Weißweinen beobachtet. Die Ergebnisse sind in Abb. 2.4b dargestellt.

Die Trendentwicklung wurde durch das mathematische Modell der Potenzfunktion beschrieben, und die Tendenz der Messdaten für beide Proben war negativ. Dies bedeutet, dass die scheinbare Viskosität mit zunehmender Zeit abnimmt und es sich bei den gemessenen Substanzen um scherverdünnende Flüssigkeiten mit Thixotropie handelt. Die Ergebnisse der Hauptkomponentenanalyse sind in Abb. 2.5 und 2.6 dargestellt.

Alle vier Diagramme sind in der Abbildung dargestellt - Box- und Whisker-Diagramme, Scree-Diagramm, Komponentengewichtsdiagramm und Streudiagramm der Komponentenwerte. Die analysierten Datensätze zeigen eine Normalverteilung bei einem Signifikanzniveau $\alpha = 0{,}05$. Die Abhängigkeit der rheologischen Werte (z. B. Viskosität) ist aus rheologischer Sicht wichtig zu verfolgen. Die Darstellung der Komponentengewichte zeigt Abhängigkeiten und Ähnlichkeiten zwischen den beobachteten Merkmalen. Aus diesem Diagramm ist ersichtlich, dass die Viskosität keine Abhängigkeit oder Ähnlichkeit mit den anderen gemessenen chemischen Werten aufweist. Dies bestätigt die bereits erwähnte Hypothese, dass das rheologische Verhalten durch den Gehalt an vielen Partikeln unterschiedlicher Herkunft bestimmt wird. Es ist anzumerken, dass die beiden verglichenen Komponenten etwa 68 % der Gesamtdispersion erklären (Abb. 2.5). Das Streudiagramm der Komponentenwerte stellt die Beziehungen zwischen den einzelnen Weinproben dar (Abb. 2.6). Es ist zu erkennen, dass sich die Weißweine auf der linken Seite des Diagramms befinden und die Rotweine auf der rechten Seite des Diagramms. Dies deutet darauf hin, dass die Farbe des Weins durch chemische Werte bestimmt wird.

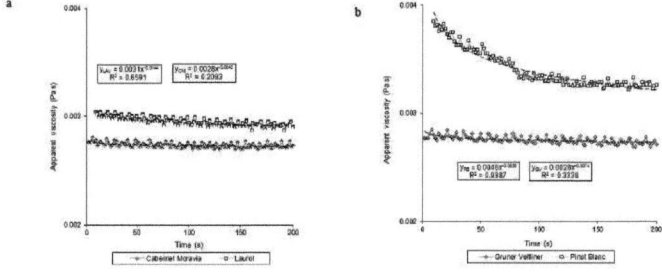

Abb. 2.4. Abhängigkeit der scheinbaren Viskosität von der gewählten Zeit: a - Rotwein und b - Weißwein bei 5°C und bei 50 s^{-1}.

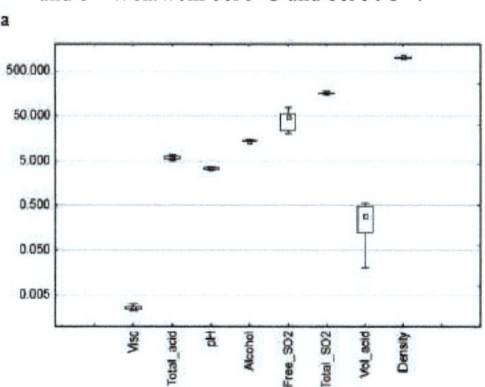

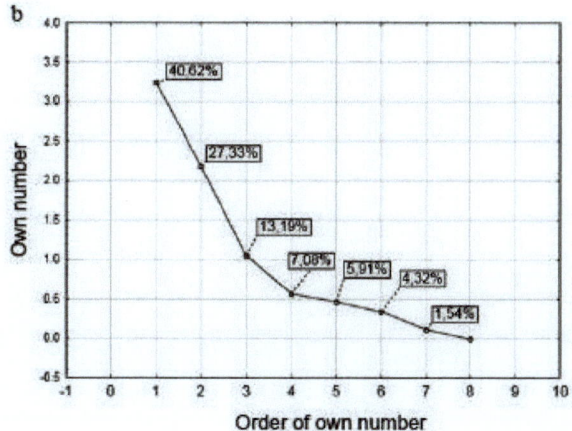

Abb. 2.5. Statistische Analyse der multivariaten Daten: a - Box und Whisker Plots, b - Scree Plot.

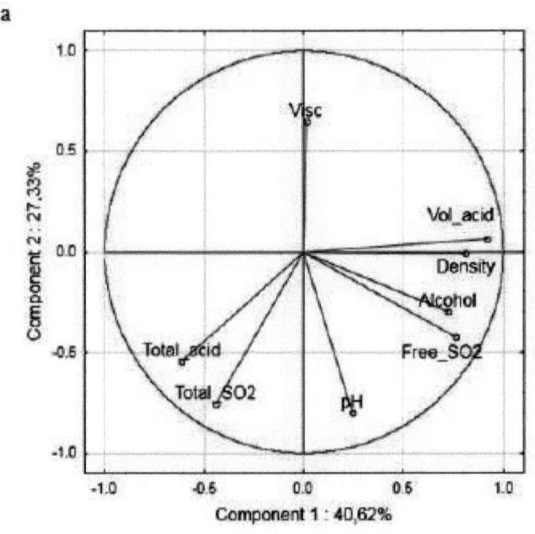
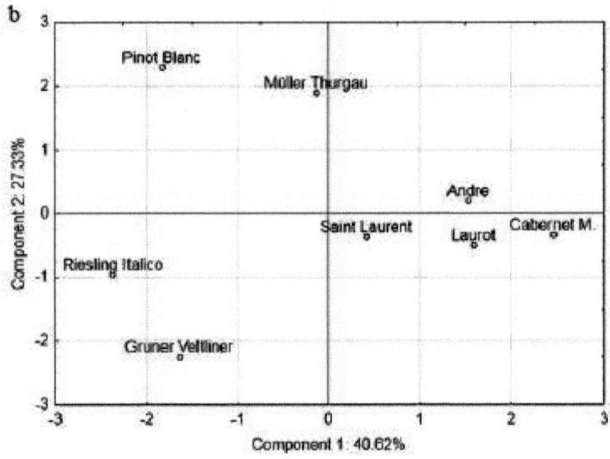

Abb. 2.6. Statistische Analyse der multivariaten Daten: a - Darstellung der Komponentengewichte, b - Streudiagramm der Komponentenwerte

II.4. Schlussfolgerungen

Detaillierte Kenntnisse über die physikalischen (rheologischen) und chemischen Eigenschaften von Wein spielen bei der Weinverarbeitung eine wichtige Rolle. Diese Kenntnisse sind für Membranverfahren, wie sie bei der Mikrofiltration eingesetzt werden, unerlässlich. Der Einsatz dieser Technologie steigert den Marktwert des Weins. Daraus ergibt sich ein dringender Bedarf an Informationen über rheologische und chemische Eigenschaften von Wein. Dieser Artikel befasst sich mit aktuellen Fragen zu den rheologischen Eigenschaften von Wein. Die folgenden Schlussfolgerungen können aus dieser Arbeit gezogen werden:

1. Alle Tests haben gezeigt, dass sich die untersuchten Proben wie scherverdünnende Flüssigkeiten verhalten, mit Thixotropie bei niedrigen Temperaturen. Eine Ausnahme bildete die Probe "André".

2. Bei höheren Temperaturenverhalten sich die Proben wie eine Newtonsche Flüssigkeit. Dieses Ergebnis steht im Einklang mit anderen Arbeiten.

3. Das nicht-newtonsche Verhalten kann durch die physikalischen Eigenschaften des Weins verursacht werden. Im Allgemeinen ist Wein eine mikrodisperse Lösung, die viele Partikel in Form von mechanischen Verunreinigungen, Bodensatz bildenden Substanzen, Mikroorganismen usw. enthält. Es wird davon ausgegangen, dass Aggregate durch intermolekulare Kräfte bei niedrigeren Temperaturen entstehen. Diese Aggregate können ein scherverdünnendes Verhalten der Flüssigkeit verursachen.

4. Das Komponentengewichtsdiagramm zeigte, dass der gemessene rheologische Parameter - die scheinbare Viskosität - nicht in Beziehung zu anderen gemessenen chemischen Parametern steht (bei einer Erklärung von 68 % der Gesamtdispersion).

5. Das Streudiagramm der Komponentenwerte zeigt, dass die Farbe des Weins in Übereinstimmung mit den Annahmen von den chemischen Parametern abhängt.

III. BESTIMMUNG DES RHEOLOGISCHEN VERHALTENS VON WEINTRUB

III.1. Einleitung

Angesichts der steigenden Anforderungen an den Umweltschutz suchen die Weinkellereien nach neueren und wirtschaftlicheren Technologien. Diese Anforderungen sind besonders im Bereich der Weintrubverarbeitung offensichtlich. Die Wahl geeigneter Recyclingverfahren unter Einsatz neuer Technologien kann erheblich zum Umweltschutz beitragen (Zimmer, 2006).

Die Weinrebe ist die weltweit am häufigsten angebaute Obstsorte. Derzeit beläuft sich die Rebfläche auf etwa 7,9 Mio. ha. Europa hat einen Anteil von etwa 57 %, d. h. etwa 4,5 Mio. ha Rebfläche. Nach einer Schätzung der Organisation Internationale de la Vigne et du Vin [3] werden weltweit 66,5 Mio. t Weintrauben pro Jahr verarbeitet. Davon werden 38 Mio. t Weintrauben pro Jahr in Europa verarbeitet. Somit fallen allein unter europäischen Bedingungen jährlich 1,6 Mio. t Weintrub an. Aus Sicht der Abfallwirtschaft ist Weintrub ein biologisch abbaubarer Abfall, der in der Lebensmittelindustrie (Food-Drink-Milk) anfällt. In Übereinstimmung mit den in der Europäischen Union geltenden Grundsätzen der Abfallwirtschaft müssen abfallfreie Technologien eingesetzt werden. Weintrub darf grundsätzlich nicht in die kommunale Kläranlage eingeleitet werden. Der Grund dafür ist, dass die Eigenschaften von Weintrub zu einer Störung der biologischen Prozesse in der Kläranlage führen können.

Im Allgemeinen werden die rheologischen Eigenschaften von Getränken sehr häufig in Abhandlungen anderer Autoren behandelt. Dabei handelt es sich vor allem um Orangen- und Tomatensäfte [4-6], aber viele Arbeiten befassen sich mit Traubensäften [7-9]. Die grundlegenden rheologischen Eigenschaften von Wein wurden nur in einigen wenigen Arbeiten bewertet, z. B. in der Arbeit [11]. Es liegt auf der Hand, dass die Kenntnis der thermophysikalischen und chemischen Eigenschaften von Wein, insbesondere der Dichte und der Viskosität, für die Planung und Bewertung von industriellen Verarbeitungsanlagen von wesentlicher Bedeutung ist. Diese Informationen sind für eine Vielzahl von Anwendungen in Forschung und Technik in einem breiten Konzentrations- und Temperaturbereich erforderlich [11]. Dasselbe gilt für die Eigenschaften von Weinprodukten wie Weintrub, die nicht genau bekannt sind.

Das Ziel dieser Arbeit war es, die rheologischen Eigenschaften von Weintrub zu messen.

III.2. Material und Methoden

Für diesen Versuch wurde Weintrub der Sorte Saint Laurent verwendet. Der Weintrub bildete ein festes Sediment auf dem Boden eines Gärbehälters mit einem Volumen von 0,4 m3. Der Weintrub enthält lebende und tote Hefezellen, unlösliche Proteine, Farbstoffe und Kristalle von Kalziumtartrat oder Kaliumbitartrat. Der Gehalt an Weintrub hängt nicht nur von der Weinsorte, sondern auch von der Verarbeitungsmethode ab. Anderen Autoren zufolge [32] enthält Weintrub stickstoffhaltige Substanzen (66,6 %), stickstofffreie Substanzen (5,4 %), Fett (6,6 %) und Asche (21,4 %).

Es gibt verschiedene Methoden zur Messung des rheologischen Verhaltens von Substanzen mit unterschiedlichen Messgeometrien wie konzentrischen Zylindern, Kegeln und Platten oder parallelen Platten [33]. Einen umfassenden Überblick über die Messtechniken für rheologische Prüfungen gibt der Beitrag von [34]. Die Messung der rheologischen Eigenschaften wurde in dieser Studie mit einem Anton Paar MCR 102 Rheometer (Österreich) mit einer Platte-Platte-Messgeometrie durchgeführt. Der Durchmesser der Platte betrug 50 mm. Der Spalt wurde auf einen Wert von 0,5 mm eingestellt. Der Spalt wurde im Hinblick auf das Verhalten der Probe bei einer höheren Scherrate eingestellt, wenn die Flüssigkeit beginnt, aus dem Messgefäß auszutreten. Der Test mit konstanter Scherung wurde bei einer Scherrate von 50 s-1 durchgeführt. Ein Hystereseschleifentest wurde in einem Intervall einer Scherrate von 0 bis 100 s-1 bei Temperaturen von 5, 15, 25 und 35°C durchgeführt.

Die rheologischen Experimente wurden mit einer unverdünnten Probe und mit verdünnten Proben in verschiedenen Mengen durchgeführt. Die Fließkurven wurden anhand des folgenden Modells modelliert:

Herschel-Bulkley-Modell:

$$\tau = \tau_0 + K\dot{\gamma}^n \text{(Pa)} \tag{3.1}$$

wobei: τ - Scherspannung (Pa), τ_0 - Fließspannung (Pa), K - Konsistenzkoeffizient (-), n - Fließverhaltensindex (-), $\dot{\gamma}$ - Schergeschwindigkeit (s^{-1}).

Die Änderung der dynamischen Viskosität in Abhängigkeit von der Temperatur wurde in einem Temperaturbereich von 5-50°C gemessen. Die Schergeschwindigkeit war konstant bei einem Wert von 50 s-1.

Die Dichte der einzelnen Proben wurde mit der Pyknometermethode gemessen. Zu diesem Zweck wurden Pyknometer mit einem Volumen von 50 ml und eine Analysenwaage Radwag AS 220/X (Polen) mit einer Genauigkeit von 0,0001 g verwendet. Für jede Probe der Flüssigkeit wurde der Dichtewert in drei Wiederholungen bestimmt.

III.3. Ergebnisse und Diskussion

Die gemessenen chemisch-physikalischen Eigenschaften sind in Tabelle 3.1 aufgeführt. Diese Werte sind denen sehr ähnlich, die bei rheologischen Experimenten mit Weinen ermittelt wurden. In der Arbeit von [11] betrug beispielsweise der pH-Wert von Merlot-Wein 3,50 und die Gesamtsäure 5,59 g l^{-1}. Diese Werte stimmen mit den für Weintrub erhaltenen Daten überein. Die Dichte von Weintrub ist jedoch unterschiedlich. Dies ist auf den Gehalt an organischen Partikeln im Weintrub zurückzuführen. Daher ist die Dichte von Weintrub höher.

Der erste rheologische Test bestand in der Messung der Abhängigkeit der dynamischen Viskosität von der Temperatur. Diese Abhängigkeit ist in Abb. 3.1 dargestellt. Aus der Abbildung ist ersichtlich, dass der Verlauf der Kurve untypisch ist. Im Allgemeinen nehmen die Werte der dynamischen Viskosität mit steigender Temperatur ab, was auch für Getränke, insbesondere Wein, gilt [11]. Verschiedene alkoholische Getränke weisen den gleichen Trend auf, zum Beispiel Bier [35]. Der Trend der Beziehung zwischen dynamischer Viskosität und Temperatur von Weintrub ist jedoch anders. Die dynamische Viskosität nahm mit steigender Temperatur zu. Die Durchbruchstemperatur lag bei 33 °C, wo die Kurve steil anstieg.

Tabelle 3.1. Grundlegende chemisch-physikalische Eigenschaften von Weintrub

Parameter	Einheit	Wert

Gesamter Säuregehalt	g l^{-1}	5.66
pH-Wert	-	3.32
Alkohol	%	13.4
Reduzierter Zucker	g l^{-1}	4.3
Frei SO$_2$	mg l^{-1}	59.8
SO$_2$ insgesamt	mg l^{-1}	190.6
Flüchtige Säure	%	0.39
Dichte (20°C)	Kg.m^{-3}	1018

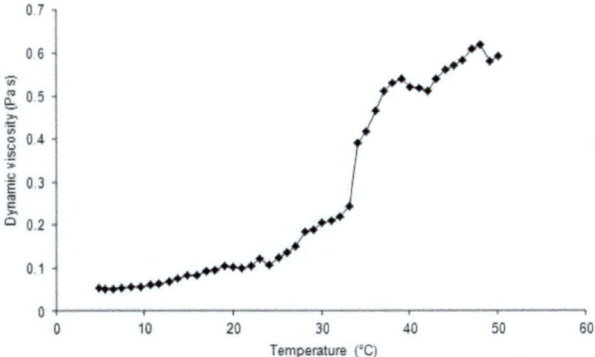

Abb. 3.1. Abhängigkeit der dynamischen Viskosität von der Temperatur

Nach [36] kann eine der Ursachen für diesen Zustand der dispersive Charakter des Weintrubs sein. Weintrub bildet ein dispersives System, bestehend aus Partikeln mit 10^{-9} m), kolloidalen Lösungen (Partikelgröße: 10^{-9} - 5x10^{-7} m) und suspendierten Partikeln (Partikelgröße über 10^{-7} m). Wie von [31] berichtet, wird die Viskosität von Weintrub hauptsächlich durch Kolloide beeinflusst. Kolloide führen thermische Bewegungen aus (Brownsche Bewegung), diffundieren allmählich und setzen sich ab, erzeugen osmotischen Druck und sind an der Bildung von Gelen beteiligt. Weintrub enthält relativ große Mengen an thermolabilen Proteinen. Wenn die Temperatur über die kritische Temperatur steigt, koagulieren diese Proteine und die Viskosität nimmt zu [30].

Der Vergleich ergab, dass die Werte der dynamischen Viskosität von Weintrub bei 20°C 0,102 Pa s^{-1} und die dynamische Viskosität von Wein bei derselben Temperatur 1,5 10^{-3} Pa s^{-1} [11] betragen.

Der nächste Schritt war die Durchführung des Hystereseschleifentests. Die Ergebnisse sind in Abb. 3.2 und 3.3 dargestellt. Aus beiden Abbildungen ist ersichtlich, dass die gemessenen Proben in dem betrachteten Temperaturintervall nicht newtonsch sind. Der Grund dafür ist, dass die Hystereseschleifen im Verlauf der Tests entstanden sind, wobei die Hysteresefläche mit steigender Temperatur zunahm. Die Werte der Hystereseflächen sind in Tabelle 2 aufgeführt.

Der Wert der Hysteresefläche kann als ein Maß für den Grad der Thixotropie angesehen werden [37]. Die Hysteresefläche kann jedoch kein alleiniges Maß für die Bewertung von Thixotropie oder Antithixotropie sein. So zeigt beispielsweise [28], dass die Hysteresefläche einfach eine Folge der Scherlokalisierung und nicht des thixotropen Verhaltens ist und dass ihre Fläche eng mit dem Gerät und der Datenerfassung zusammenhängt [28]. Das bedeutet, dass der Schleifentest nur ein Näherungstest für die rheologische Bewertung von Proben ist. Daher ist es notwendig, neue Arten von rheologischen Tests zu entwickeln.

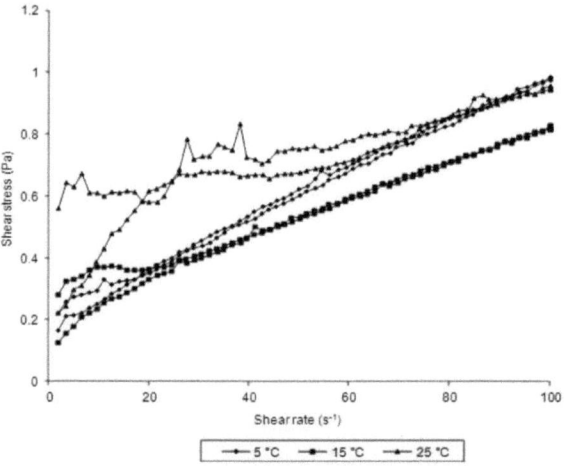

Abb. 3.2. Hystereseschleifentest von Weintrub.

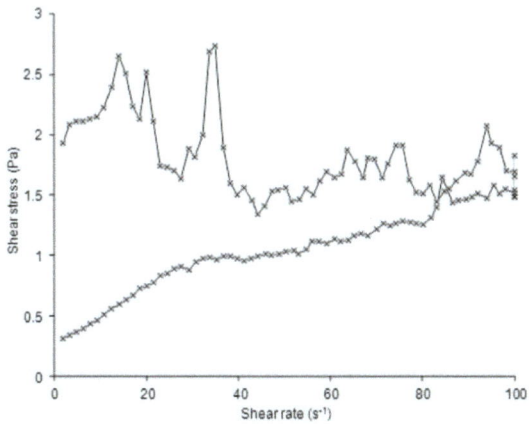

Abb. 3.3. Hystereseschleifentest von Weintrub bei einer Temperatur von 35°C.

Aus Tabelle 3.2 ist ersichtlich, dass die größte Hysteresefläche bei einer Temperatur von 35 °C entstand, und mit zunehmender Temperatur nahm auch die Hysteresefläche zu. Dies ist das nächste Zeichen, das bestätigt, dass sich bei einer Temperaturänderung auch die Struktur der Substanz ändert.

Die im Hystereseschleifentest gemessenen Daten wurden mit Hilfe des Herschel-Bulkley-Modells ausgewertet. Dieses Modell wird zur Beschreibung der Fließkurve für Materialien mit scherverdünnendem oder scherverdickendem Verhalten verwendet. Die Ergebnisse der Modellierung sind in Tabelle 3.3 dargestellt. Aus den dargestellten Daten ist ersichtlich, dass dieses Modell nur für niedrige Temperaturen, insbesondere 5 und 15°C, verwendet werden kann. Bei diesen Temperaturen waren die Hysteresebereiche sehr klein und das Bestimmtheitsmaß war sehr hoch. Bei höheren Temperaturen nahm der Bestimmungskoeffizient sehr schnell ab, und bei 35 °C war er gleich Null. Das rheologische Verhalten der Substanzen bei verschiedenen Temperaturen war unterschiedlich. Demnach zeigt die Probe bei niedrigen Temperaturen (5 und 15°C) ein scherverdünnendes oder scherverdickendes Verhalten und bei höheren Temperaturen (25 und 35°C) ein thixotropes oder rheopektisches Verhalten. Ein grundlegender Unterschied zwischen diesen Flüssigkeitsarten besteht darin, dass das scherverdünnende und scherverdickende Verhalten von Materialien ein zeitunabhängiges rheologisches Verhalten ist. Die Thixotropie oder das rheopektische Verhalten hingegen ist ein zeitabhängiges rheologisches Verhalten. Daher wurde der Zeitabhängigkeitstest durchgeführt, um diese Hypothese zu bestätigen oder zu verwerfen.

Der nächste rheologische Test befasst sich mit der Zeitabhängigkeit der gemessenen Substanz. Dieser Test beschreibt die Abhängigkeit der Viskosität von der Zeit. Die Ergebnisse der Tests sind in Abb. 3.4 und 3.5 dargestellt.

Tabelle 2. Hysteresebereiche bei verschiedenen Temperaturen

Muster	Temperatur (°C)			
	5	15	25	35
Weintrub $(Pa\ s^{-1}\ ml)^{-1}$	0.64	-1.87	-6.20	-76.39

Tabelle 3. Rheologische Parameter des mathematischen Modells von Herschel-Bulkley

Temperatur (°C)	R^2	Standardabweichung (Pa)*	Streckspannung (Pa)	n	k
5	0.997	0.013	0.175	0.917	0.012
15	0.969	0.032	0.129	0.717	0.025
25	0.770	0.073	**	0.175	0.590
35	-	-	-	-	-

*bezieht sich auf die Scherspannung, **ist rheologisch unsinnig, k - Konsistenz, n - Fließindex.

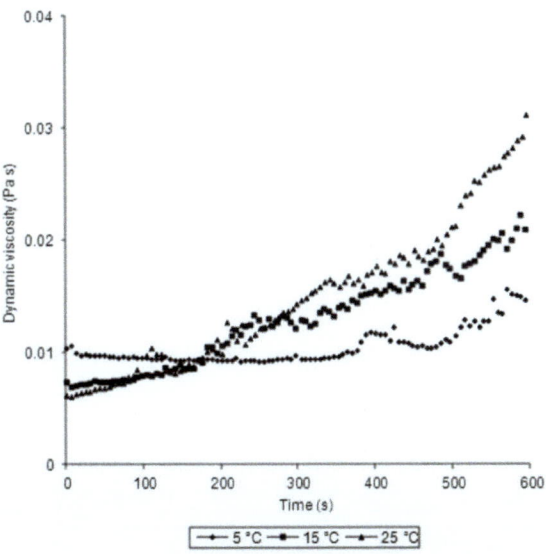

Abb. 3.4. Abhängigkeit der dynamischen Viskosität des Weintrubs von der Zeit bei verschiedenen Temperaturen. Erklärungen wie in Abb. 3.2.

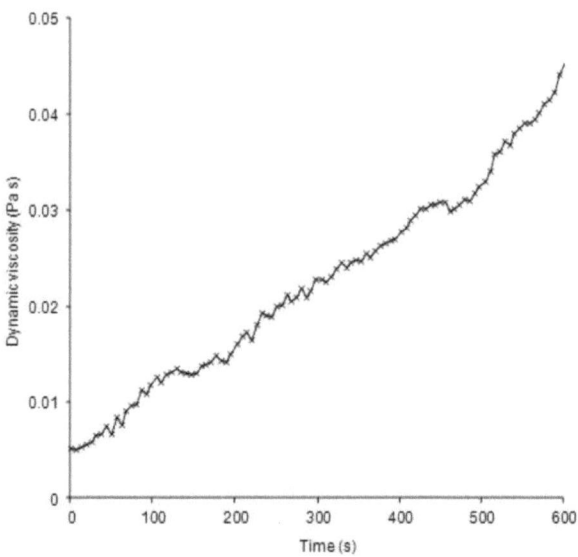

Abb. 3.5. Abhängigkeit der dynamischen Viskosität des Weintrubs von der Zeit bei 35°C.

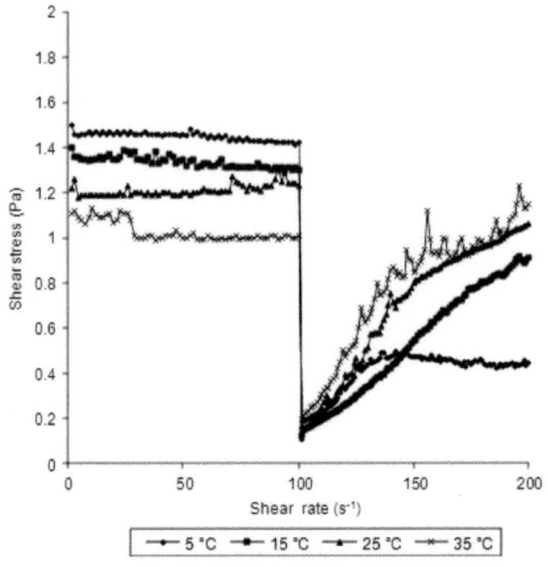

Abb. 3.6. Schrittweise Abnahme der Schergeschwindigkeit von Weintrub bei verschiedenen Temperaturen.

Die Kurven der gemessenen Proben wiesen während des gesamten betrachteten Temperaturintervalls steigende Tendenzen auf. Dies bedeutet, dass es sich bei den gemessenen Proben um zeitabhängige Flüssigkeiten handelte und die dynamische Viskosität zunahm. Dies deutet darauf hin, dass die in den Proben enthaltenen Sedimentpartikel ihre Struktur ändern und sich zusammenballen. Daher wurden alle gemessenen Proben während des gesamten betrachteten Temperaturintervalls als rheopektische Flüssigkeiten betrachtet.

Es besteht jedoch die Möglichkeit, dass die gemessenen Proben von Weintrub ein viskoelastisches Material sind. So wurde beispielsweise in [38] berichtet, dass roher und anaerob ausgefaulter Schlamm ein viskoelastisches Verhalten und starke Ähnlichkeiten mit weich-glasigen Materialien aufweist und roher und anaerob ausgefaulter Schlamm ein kolloidales System ist, das dem Weintrub ähnelt. Daher wurde der letzte rheologische Test durchgeführt. Mewis und Wagner [39] stellen fest, dass bei der Durchführung von Versuchen zu diesem Zweck ein Verfahren mit abnehmender Scherrate angewendet werden sollte. Dieser Autor behauptet auch, dass normale viskoelastische Flüssigkeiten, unabhängig davon, ob sie sich im linearen oder nichtlinearen Bereich befinden, auf eine solche Schergeschichte mit einer monotonen Abnahme der Spannung auf einen neuen Plateauwert reagieren würden. Daher wurde der Versuch während der Messung der Scherspannung bei einem Wert der Scherrate von 100 s^{-1} gestoppt. Anschließend wurde die Scherspannung bei einem Wert der Scherrate von 0 s^{-1} gemessen. Die Ergebnisse dieser Versuche sind in Abb. 3.6 dargestellt. Es ist offensichtlich, dass die gemessenen Substanzen kein viskoelastisches Verhalten aufwiesen - keine Kurve zeigte eine monotone Abnahme der Scherspannung; im Gegenteil, alle Kurven zeigten eine monotone Zunahme der Scherrate. Daraus lässt sich schließen, dass der gemessene Weintrub ein rheopektisches Verhalten aufwies.

III.4. Schlussfolgerungen

1. Die Viskosität einer Probe nimmt zu, wenn die Temperatur steigt. Diese ungewöhnliche Situation lässt sich durch den relativ hohen Gehalt an thermolabilen

Proteinen erklären. Wenn die Temperatur über einen kritischen Wert steigt, koagulieren diese Proteine und die Viskosität nimmt zu.

2. Die Hystereseschleifen zeigten eine Zackigkeit der Kurven. Dies wird durch eine relativ kleine Lücke in der Messgeometrie verursacht, wenn einige größere Partikel mit anderen Partikeln kollidieren und dies zu einem lokalen Anstieg der Schubspannung führt. Der relativ kleine Spalt wurde gewählt, weil die flüssige Komponente der Probe bei größeren Werten der Schergeschwindigkeit ausfließt.

3. Aus den Ergebnissen der Hystereseschleifentests geht hervor, dass die gemessenen Proben in dem betrachteten Temperaturintervall eine nicht-newtonsche Flüssigkeit sind.

4. Die scheinbare Viskosität der Probe nahm mit konstanter Schergeschwindigkeit zu. Dieses Ergebnis zeigt, dass die untersuchte Probe ein rheopektisches Verhalten aufweist.

Referenz

1. González-Fernándeza A.B., Marcelo V., Valencianoc J.B., und Rodríguez-Pérez J.R., 2012. Beziehung zwischen physikalischen und chemischen Parametern für vier kommerzielle Rebsorten aus der Region Bierzo (in Spanien). Sci. Hortic. Amsterdam, 147, 111-117.

2. Baiano A., Terracone C., Longobardi F., Ventrellac A., Agostianoc A., und Del Nobile M.A., 2012. Auswirkungen verschiedener Weinbereitungstechnologien auf die physikalischen und chemischen Eigenschaften von Sauvignon blanc-Weinen. Food Chem., 135(4), 2694-2701.

3. Organisation Internetionale de la Vignet et du Vin (OIV), 2009. Internationaler Kodex der önologischen Praxis (in Deutsch), 2nd Ed. 160.

4. Ibarz A., 1999. Rheologie von geklärten Fruchtsäften. III: Orangensäfte. J. Food Eng., 21(4), 485-494.

5. Giner J., Ibarz A., Garza S., Xhian-Quan S., 1996. Rheologie von geklärten Kirschsäften. J. Food Eng., 30(1-2), 147-154.

6. Tiziani S. und Yael Vodovotz Y., 2005. Rheologische Auswirkungen des Zusatzes von Sojaprotein zu Tomatensaft. Lebensmittel Hydrokolloide, 19(1), 45-52.

7. Zuritz C.A., Munoz Puntes E., Mathey H.H., Gasco'na A., Rubio L.A., Carullo C.A., Chernikoff R.E., and Cabeza M.S., 2005. Dichte, Viskosität und Wärmeausdehnungskoeffizient von klarem Traubensaft bei unterschiedlichen Konzentrationen löslicher Feststoffe und Temperaturen. J. Food Eng., 71(2), 143-149.

8. Arslan E., Yener M.E., und Esin A., 2005. Rheologische Charakterisierung von Tahin/Pekmez (Sesampaste/Konzentrierter Traubensaft) Mischungen. J. Food Eng., 69(2), 167-172.

9. Bayindirli L., 1993. Dichte und Viskosität von Traubensaft in Abhängigkeit von Konzentration und Temperatur. J. Food Process. Pres., 17(2), 147-151.

10. Kumbár V. und Nedomová Š., 2015. Viskosität und analytische Unterschiede zwischen Rohmilch und UHT-Milch tschechischer Kühe (in Tschechisch). Sci. Agric. Bohem., 46(2), 78-83.

11. Košmerl T., Abramovič H., und Klofutar C., 2000. Die rheologischen Eigenschaften slowenischer Weine (in slowenischer Sprache). J. Food Eng., 46(3), 165-171.

12. Vítěz T. und Severa L., 2010. Über die rheologischen Eigenschaften von Klärschlamm (in Tschechisch). Acta Univ. Agric. Silvic. Mendel. Brun., 58(2), 287-294.

13. Boger D.V., 2009. Rheologie und die Rohstoffindustrie. Chem. Eng. Sci., 64(22), 4525-4536.

14. Iland P., Ewart A., Sitters J., Markides A., and Bruer N., 2000. Techniken zur chemischen Analyse und Qualitätsüberwachung bei der Weinherstellung. Campbelltown: Patrick Iland Wine Promotions, Campbelltown, Australien

15. Jackson R.S., 2008. Wine Science: Principles and Applications, 3. Auflage. San Diego: Elsevier/ Academic Press, San Diego, USA.

16. Ribéreau-Gayon P. und Traduction A., 2003. Handbuch der Önologie: Die Chemie der Weinstabilisierung und -behandlung. West Sussex: John Wiley Sons, West Sussex, England.

17. Jacobson J.L., 2006. Introduction to Wine Laboratory Practices and Procedures. New York: Springer Science, New York, USA.

18. Ribéreau-Gayon P. und Branco J.M., 2006. Handbuch der Önologie. West Sussex: John Wiley Sons, West Sussex, England.

19. Schneider V., 2004. Der pH-Wert und seine Interpretation. Der Winzer, 50(5), 141-143.

20. Breier N., 2012. Individuelle Weine. Der Winzer, 23(9), 250-252.

21. Kaltzin W., 2012. Naturweine als Trend. Der Winzer, 10(4), 85-87.

22. Burg P., Vítěz T., und Michálek M., 2013. Die Bewertung der Entwicklungsdynamik der Weinblätter (in Tschechisch). Acta Univ. Agric. Et Silvic. Mendel. Brun., 61(1), 17-23.

23. Iland P., 2004. Chemische Analyse von Trauben und Wein. Campbell-town: Patrick Iland Wine Promotions, Campbelltown, Australien.

24. Vilela-Moura A., Schuller D., Mendes-Faia A., und Côrte-Real M., 2008. Reduktion der flüchtigen Säure von Weinen durch ausgewählte Hefestämme. Appl. Microbiol. Biotechnol. 80(5), 881-890.

25. Aguiló-Aguayo I., Soliva-Fortuny R., und Martín-Belloso O., 2010. Farbe und Viskosität von Wassermelonensaft, der mit hochintensiven gepulsten elektrischen

Feldern oder Wärme behandelt wurde. Innov. Food Sci. Emerg. Technol., 11(2), 299-305.

26. Nindo C.I., Tang J., Powers J.R., und Singh P., 2005. Viskosität von Blaubeer- und Himbeersäften für Verarbeitungsanwendungen. Food Eng., 69(3), 343-350.

27. Battistoni P., 1997. Vorbehandlung, Messverfahren und Abfalleigenschaften in der Rheologie von Klärschlämmen und der ausgefaulten organischen Fraktion von kommunalen Festabfällen. Water Sci. Technol., 36(11), 33-41.

28. Baudez J.C., 2006. Über Spitzen und Schleifen in Schlammrheogrammen. J. Environ. Manag., 78(3). 232-239.

29. Witczak M., Juszczak L., und Galkowska D., 2011. Nicht Newtonsches Verhalten von Heidehonig. J. Food Eng., 104(4), 532-537.

30. Monteiro S., Piçarra-Pereira M.A., Mesquita P.R., Loureiro V.B., Teixeira A.R., and Ferreira R.B., 2001. Die große Vielfalt der strukturell ähnlichen Weinproteine. J. Agric. Food Chem., 49(8), 3999-4010.

31. Zimmer E., 2006. Zusammensetzung, physikalische Eigenschaften und Herkunft der Staubpartikel in naturtrüben Apfelsäften und Einfluss von Produktionstechnologie und Rohstoffen auf Trübung und Trübungsstabilität (in Deutsch). Dissertation der Justus-Liebig-Universität, Gießen.

32. Marchal R., Lallement A., Jeandet P., und Establet G., 2003. Klärung von Muskatmosten mit Hilfe von Weizenproteinen und der Flotationstechnik. J. Agric. Food Chem., 51, 2040-2048.

33. Vítěz T. und Severa, L., 2010. Über die rheologischen Eigenschaften von Klärschlamm. Acta Univ. Agric. et Silvic. Mendel, Brun, 58, 287-294.

34. Boger D.V., 2009. Rheologie und die Rohstoffindustrie. Chemical Eng. Sci., 64, 4525-4536.

35. Severa L., Los J., Nedomová Š., und Buchar J., 2009. Einfluss der Temperatur auf die dynamische Viskosität von Schwarzbier. In: Qualität und Produktionseffizienz von regionalen und kleinen Brauereien (in Tschechisch). Mendel Universität in Brno Press, Brno, Tschechische Republik.

36. Boulton R., Singleton V.L., Bisson L.F., und Kunkee R.E., 1996. Principles and Practices of Winemaking. Chapman Hall, New York, USA.

37, Battistoni P., 1997. Vorbehandlung, Messverfahren und Abfalleigenschaften in der Rheologie von Klärschlämmen und der ausgefaulten organischen Fraktion von kommunalen Festabfällen. Water Sci. Technol., 36(11), 33-41.

38. Baudez J.C., Gupta R.K., Eshtiaghi N., and Slatter P., 2013. Das viskoelastische Verhalten von rohem und anaerob ausgefaultem Klärschlamm: Starke Ähnlichkeiten mit weich-glasigen Materialien. Water Res., 47, 173-180.

39. Mewis J. und Wagner N.J., 2009. Thixotropie. Advanced in Colloid Interface Sci., 147-149, 214-227.

I want morebooks!

Buy your books fast and straightforward online - at one of world's fastest growing online book stores! Environmentally sound due to Print-on-Demand technologies.

Buy your books online at
www.morebooks.shop

Kaufen Sie Ihre Bücher schnell und unkompliziert online – auf einer der am schnellsten wachsenden Buchhandelsplattformen weltweit! Dank Print-On-Demand umwelt- und ressourcenschonend produziert.

Bücher schneller online kaufen
www.morebooks.shop

 info@omniscriptum.com
www.omniscriptum.com

Printed by Books on Demand GmbH, Norderstedt / Germany